高等工程教育系列丛书

U0296933

数字电子技术

代红英　李翠锦　陈成瑞　编著

西南交通大学出版社
·成　都·

图书在版编目（ＣＩＰ）数据

数字电子技术 / 代红英，李翠锦，陈成瑞编著. —
成都：西南交通大学出版社，2019.6
（高等工程教育系列丛书）
ISBN 978-7-5643-6926-2

Ⅰ. ①数… Ⅱ. ①代… ②李… ③陈… Ⅲ. ①数字电
路－电子技术　Ⅳ. ①TN79

中国版本图书馆 CIP 数据核字（2019）第 109414 号

高等工程教育系列丛书
数字电子技术

代红英　李翠锦　陈成瑞 / 编　著

责任编辑 / 梁志敏
封面设计 / 墨创文化

西南交通大学出版社出版发行
（四川省成都市二环路北一段 111 号西南交通大学创新大厦 21 楼　　610031）
发行部电话：028-87600564　　028-87600533
网址：http：//www.xnjdcbs.com
印刷：成都中永印务有限责任公司

成品尺寸　185 mm×260 mm
印张　13.75　　字数　343 千
版次　2019 年 6 月第 1 版　　印次　2019 年 6 月第 1 次

书号　ISBN 978-7-5643-6926-2
定价　38.00 元

图书如有印装质量问题　本社负责退换
版权所有　盗版必究　举报电话：028-87600562

前　言

目前，为了使高等工程教育和卓越工程师教育能很好地适应社会需求，基于CDIO（Conceive、Design、Implement、Operate，构思、设计、实现、运行）的项目化教学模式对一般本科院校和高职高专院校的工程类专业具有一定的借鉴价值。基于CDIO的理念，本书以5个项目为主线组织"数字电子技术"的教学过程，把"学科导向"变为"项目导向"，把强调学科知识的完备性与系统性变为注重项目训练的系统性与完整性，让学生在做项目的过程中学习必要的专业基础知识。基础知识以"必需、够用"为原则，加强学生学习能力的培养，注重学生应用所学知识解决工程实际问题能力的培养，指导学生循序渐进地完成好一个个精选的、适合于多数学生的工程项目，使学生在做项目的过程中提高项目构思、设计、实现和运行的能力，然后再运用这种能力去解决新的工程实际问题，从而提高学生适应工作环境和技术发展变化的能力。

本书依托重庆市高等教育教学改革研究重点项目（项目编号：172037），重庆工程学院校内重点项目（项目编号：JY2016202），按照CDIO工程教育创新模式，结合教育部"卓越工程师教育培养计划"的实施原则，突出基本理论与实际应用的结合。

本书的每一个项目都贯穿CDIO的思想，适合一般应用型本科院校和高职高专学生电子设计竞赛的需要，所选项目合理。本书共包含5个项目，即3人表决器的设计与实现、数码显示电路的设计与实现、4人抢答器的设计与实现、数字电子钟的设计与实现和秒脉冲电路的设计与实现。

全书由重庆工程学院代红英、李翠锦编写，全书由代红英统稿。具体编写分工如下：代红英编写了项目1、项目3、李翠锦编写了项目2和项目5；陈成瑞编写了项目4和附录部分。重庆大学曾孝平教授和重庆邮电大学何丰教授审阅了全书，并提出了许多宝贵的意见和建议，在此深表感谢！

限于编者水平有限，书中难免有疏漏和不当之处，敬请广大读者批评指正。

编　者

2019年3月

目　录

项目 1　3 人表决器的设计与实现

1.1　项目内容

1.1.1　项目简介

现今社会已然进入数字时代，如互联网＋、物联网、移动互联网、云计算、大数据、人工智能等当下前沿技术均为数字时代的产物。而数字电子技术是数字时代的基础，经过几十年的发展，数字电子技术已经进入人们生活的各个领域，极大地方便了人们的生活。数字电子设备功能比较复杂，其内部通常是由数量不定的电路组成，这些电路人们称为逻辑门电路。

3 人表决器是一个比较简单的数字电路，它所包含的门电路数量较少。通过本项目的训练，同学们能够掌握数字电路中的逻辑关系、逻辑运算和常见门电路的基本特性，并在此基础上完成本项目的 CDIO 4 个环节，为后续项目打好良好基础。

1.1.2　项目目标

项目目标如表 1-1 所示。

表 1-1　项目 1 的项目目标表

序号	类别	目　　标
1	知识目标	（1）熟悉数制和码制的概念，掌握常见数制的相互转换，以及几种常用的编码方法； （2）掌握 3 种基本的逻辑关系及其相应的复合逻辑关系； （3）熟悉逻辑代数的基本公式和定律； （4）掌握逻辑函数的表示方法及其相互转换； （5）掌握逻辑函数的化简方法； （6）了解逻辑函数的无关项概念，熟悉含有无关项的化简方法
2	技能目标	（1）能采用 Multisim12 仿真软件进行电路的仿真分析； （2）能正确选择集成电路芯片； （3）能根据逻辑关系设计并实现相应电路； （4）能用万用表、示波器等电子设备对电路进行调试与检测； （5）能完成 3 人表决器的 CDIO 4 个环节
3	素养目标	（1）学生的自主学习能力、沟通能力及团队协作精神； （2）良好的职业道德； （3）质量、安全、环保意识

1.2 必备知识

1.2.1 数字电路概述

我们生活的这个时代常被称为信息化时代，信息技术已经渗透到人类社会生活的各个领域，互联网＋、物联网、移动互联网、云计算、大数据、人工智能等无时无刻不在改变着我们的生活。实现这些信息技术的设备都是以数字电路为基础的。

1. 数字信号与数字电路

电子电路中的信号可以分为两大类。

一类是时间或幅度都连续的信号，称为模拟信号，如温度、湿度、速度、压力、磁场及电场等物理量通过传感器转换成的电信号、模拟语音音频信号，以及模拟图像的视频信号等。图 1-1（a）所示为模拟信号的波形。对模拟信号进行产生、传输、加工和处理的电子电路称为模拟电路，如放大器、滤波器、功率放大器及信号函数发生器等。

另一类是时间和幅度都离散的信号，称为数字信号。图 1-1（b）所示为数字信号的波形。对数字信号进行产生、传输、加工和处理的电子电路称为数字电路，如裁判表决器、数字抢答器、数字电子钟、数字万用表和数字电子计算机等。

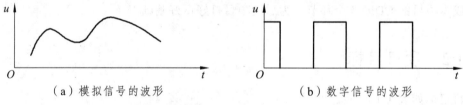

（a）模拟信号的波形　　　　　　（b）数字信号的波形

图 1-1　模拟信号和数字信号的波形

在数字电路和模拟电路中，研究的问题和使用的分析方法、设计方法都不相同，因此，将电子技术基础的内容分为数字电子技术和模拟电子技术两部分来学习。

目前在数字电路中普遍采用数字 0 和 1 来表示数字信号，这里的 0 和 1 不是十进制中的数字，而是逻辑 0 和逻辑 1，所以称为二值数字逻辑。在数字电路中，用 1 和 0 分别表示电压的高电平和低电平。如果数字电路中以逻辑 1 表示高电平，逻辑 0 表示低电平，称之为正逻辑体制；如果以逻辑 0 表示高电平、逻辑 1 表示低电平，称之为负逻辑体制。目前，在数字逻辑电路中习惯采用正逻辑体制。如无特殊说明，本书一律采用正逻辑体制。

表 1-2 列出了在正逻辑体制下，逻辑电平和数字电压值之间的对应关系。

表 1-2　逻辑电平和数字电压值之间的对应关系

电压/V	二值数字逻辑	电平
5	1	H（高电平）
0	0	L（低电平）

在工程实践中，电路描述一般采用正逻辑体制，负逻辑体制用得较少。如果需要，可按以下方式进行两种逻辑体制的转换：

$$与 \leftrightarrow 或$$

$$非 \leftrightarrow 非$$

$$与非 \leftrightarrow 或非$$

二值数字逻辑的产生，是基于客观世界的许多事物可以用彼此关联又互相对立的两种状态来表示。例如：事件的真与假、开关的通与断、电压的高与低、电流的有与无等。数字电路可利用电子元器件的开关特性来实现状态转换。电路中的半导体器件（如二极管、三极管等）可以处于开或关状态，有时导通，有时截止。

2. 数字电路的分类和特点

1）数字电路的分类

最基本的数字电路由二极管、三极管和电阻等元器件组成，实际应用中已经很少见到这样简单的电路。现在的数字电路一般是由集成电路组成。数字电路的种类繁多，其分类方式也较多，大致可以从以下 4 方面进行分类。

（1）按照集成电路芯片的集成度可以分为小规模（SSI，每片数十器件）、中规模（MSI，每片数百器件）、大规模（LSI，每片数千器件）、超大规模（VLSI，每片数十万器件）和特大规模（ULSI，每片器件数大于 100 万）数字电路。所谓集成度，是指每一块数字集成芯片所包含三极管的个数。

（2）按照所用器件制作工艺的不同，可以将数字电路分为双极性（TTL 型）和单极性（CMOS 型）两类。双极性电路开关速度快，频率高，信号传输延迟时间短，但制造工艺较复杂。单极性电路输入阻抗高、功耗小、工艺简单、集成密度高，且易于大规模集成。

（3）按照电路的结构和工作原理的不同，可以将数字电路分为组合逻辑电路和时序逻辑电路两类。组合逻辑电路没有记忆功能，其输出信号只与当时的输入信号有关，而与电路以前的状态无关，如加法器、编码器、译码器、数据选择器等都是典型的组合逻辑电路。时序逻辑电路具有记忆功能，其输出信号不仅与当时的输入信号有关，而且还与电路以前的状态有关，如触发器、计数器、存储器、顺序脉冲发生器等都是典型的时序逻辑电路。组合逻辑电路和时序逻辑电路常常结合起来使用，用以实现控制、操作和运算各种数字系统和数字设备。

（4）按照电路的应用不同，可以将数字电路分为专用型和通用型两类。专用型数字电路是指为每种特殊用途专门设计、制造的，具有特定复杂而完整功能的产品。典型的专用型数字电路如计算机中存储器芯片（RAM、ROM）、微处理器芯片（CPU）及语音芯片等。

通用型数字电路又分为两种类型：一种是逻辑功能被定型的标准化、系列化的产品；另一种是可编程逻辑器件（Programmable Logic Device，PLD）。前一种类型的电路中，每一种器件的内部结构和逻辑功能在制造时已经固化，不能改变。目前常见的中、小规模数字集成电路大多属于这一种。利用这些产品可以组成更为复杂的数字系统，但当系统变得复杂以后，电路的体积将会很庞大，而且由于器件之间的连线增多，降低了电路的可靠性。所以希望能找到一种既具有像专用电路那样体积小、可靠性高、能满足各种专门用途，同时又可以作为电子产品生产的数字电路，于是 PLD 便应运而生。

PLD 的内部包含了大量的基本逻辑单元电路，通过写入编程数据，可以将这些单元连接成所需要的逻辑电路。所以，它的产品是通用型的，而它所实现的逻辑功能则可由用户根据自己的需要通过编程来设定。20 世纪 90 年代，PLD 得到了迅速的发展和普及，目前在一片高密度 PLD 上可以集成数十万个基本逻辑单元，足够连接成一个相当复杂的数字电路，形成所谓的"片上系统"。

2）数字电路的特点

数字电路的工作信号是离散的二值数字信号，反映在电路上只有电流的有无或电平的高低两种状态，因此，它在结构、工作状态、研究内容和分析方法等方面都与模拟电路不同。数字电路具有下面 6 个方面的特点。

（1）结构简单，便于集成化、系列化生产，成本低廉，使用方便。

电子器件（如二极管、三极管）的导通和截止两种稳定状态的外部表现为电流的有无或电平的高低，所以数字电路在稳态时，电子器件处于开关状态，即工作在饱和区和截止区。这种有和无、高和低相对立的两种稳定状态，可以用二进制数的两个数码 1 和 0 来表示。这里的 1 和 0 没有任何数量的含义，只表示两种不同的状态，所以在数字电路的基本单元电路中，对器件的精度要求不高，允许有较大的误差，电路在工作时只要能可靠地区分开 1 和 0 两种状态就可以了。相应地，组成数字电路的单元结构也比较简单，具有便于集成化和系列化生产、工作准确可靠、精度高、成本低廉、使用方便等优点。

（2）抗干扰能力强，可靠性高，精度高。

由于数字电路传输、加工和处理的都是二值数字信号，不易受到外界的干扰，电路的抗干扰能力较强，可靠性较高。数字电路还可以用增加二值信号的位数来提高电路的运算精度。

（3）便于长期存储，使用方便。

二值数字信号具有便于长期存储的特点，使大量的信息资源得以妥善保存，并且容易调出，使用方便。

（4）保密性好。

在数字电路中可以很容易地进行保密处理，使宝贵的信息资源不易被窃取。

（5）通用性强。

在数字电路中，可以采用标准的数字逻辑器件和可编程逻辑器件（PLD）来设计各种各样的数字系统，应用起来相当灵活。

（6）具有"逻辑思维"能力。

数字电路能对输入的数字信号进行各种算术运算和逻辑运算、逻辑判断，故又称为数字逻辑电路。

由于数字电路具有以上优点，加之集成电路工艺技术的迅速发展，使数字电路在计算机、通信系统、仪器仪表、数控技术、家电，以及国民经济的各个领域都得到了广泛的应用。

3. 数字电路的学习方法

（1）逻辑代数是分析和设计数字电路的工具，熟练掌握和运用好这一工具才能使学习顺利进行。

（2）应当重点掌握各种常用数字逻辑电路的逻辑功能、外部特性及典型应用。对其内部电路结构和工作原理的学习，主要是为了加强对数字逻辑电路外部特性和逻辑功能的正确理解，不必过于深究。

（3）数字电路的种类虽然繁多，但只要掌握基本的分析方法，便能得心应手地分析各种逻辑电路。

（4）数字电路技术是一门实践性很强的技术基础课。学习时必须重视习题、基础实训和综合实训等实践性环节。

（5）数字电子技术发展十分迅速，数字电路的种类和型号越来越多，应逐渐提高查阅有关技术资料和数字电路产品手册的能力，以便从中获得更多更新的知识和信息。

1.2.2　数制与码制

作为数字电路的基础，数制与码制的概念在整个数字系统中起着非常重要的作用，要学会在实际应用中运用数制和码制。

1. 数　制

数字系统中经常遇到计数问题，计数的方法——数制，多种多样。在生产实践中，人们经常采用位置计数法，即将表示数字的数码从左到右排列起来，常用的数制有十进制、二进制、八进制、十六进制等。

1）十进制

十进制是用 10 个不同的数码 0、1、2、3、…、9 来表示数值的，其计数规律是"逢十进一"，即 $9+1=10$，采用的是以 10 为基数的计数体制。一种数制中允许使用的数码个数称为该数制的基数。该数制的数中，不同位置上数码的单位数值称为该数制的位权或权。基数和权是数制的两个要素。任何一个十进制数都可以写成以 10 为底的幂之和的形式，即

$$(N)_{10} = \sum_{i=-m}^{n-1} K_i \times 10^i \tag{1-1}$$

式中，m——小数部分的位数，为整数；

　　　n——整数部分的位数，为整数；

　　　K_i——第 i 位的系数，它是数码中的任一个；

　　　10——计数基数；

　　　10^i——第 i 位的权。

　　　i——数字中各数码 K 的位置号，为正负整数。

小数点前第 1 位为 $i=0$，第 2 位为 $i=1$，依此类推。小数点后第 1 位为 $i=-1$，第 2 位为 $i=-2$，依此类推。式（1-1）称为按权展开式。

例如：$(258.32)_{10} = 2 \times 10^2 + 5 \times 10^1 + 8 \times 10^0 + 3 \times 10^{-1} + 2 \times 10^{-2}$

2）二进制

二进制的数码为 0 和 1，基数为 2，其计数规律是"逢二进一"，即 $1+1=10$（必须注意，这里的"10"与十进制数的"10"是完全不同的概念）。任何一个二进制数 N 按权展开式为

$$(N)_2 = \sum_{i=-m}^{n} K_i \times 2^i \qquad (1\text{-}2)$$

利用式（1-2）展开得到的结果为十进制数，也即任何一个二进制数都可以按照式（1-2）转换为十进制数。

3）八进制

八进制的数码为 0、1、2、3、4、5、6、7，基数为 8，其计数规律是"逢八进一"。任何一个八进制数 N 按权展开式为

$$(N)_8 = \sum_{i=-m}^{n} K_i \times 8^i \qquad (1\text{-}3)$$

利用式（1-3）展开得到的结果为十进制数，也即任何一个八进制数都可以按照式（1-3）转换为十进制数。

4）十六进制

十六进制的基数为 16，采用的 16 个数码为 0、1、2、3、4、5、6、7、8、9、A、B、C、D、E、F，其中字母 A、B、C、D、E、F 分别代表 10、11、12、13、14、15，其计数规律是为"逢十六进一"。任何一个十六进制数 N 按权展开式为

$$(N)_{16} = \sum_{i=-m}^{n} K_i \times 16^i \qquad (1\text{-}4)$$

利用式（1-4）展开得到的结果为十进制数，也即任何一个十六进制数都可以按照式（1-4）转换为十进制数。

2. 不同数制之间的转换

1）任意进制转换成十进制数

根据前面的介绍，二进制、八进制和十六进制数分别按照式（1-2）、式（1-3）、式（1-4）展开，就能转换成十进制数。也即将非十进制数写为按权展开式，得出其相加的结果，就是与其对应的十进制数。

2）十进制数转换为二进制数

十进制数转换为二进制数的方法中，整数转换和小数转换是不同的。

整数部分可用"降幂比较法"和"除 2 取余法"。所谓"降幂比较法"，即首先列出所有

小于这个数的二进制位的权值（见表1-3），然后用要转换的十进制数减去与它最近的二进制权值，够减就在相应位置写1，不够减就写0；得出的差值重复上述过程，直到差值为0。所谓"除2取余法"，即将原十进制数连续除以2，每次所得余数作为二进制数的数码，先得到的余数作为二进制数的低位，后得到的为高位，直到除得的余数为0为止。这种方法可概括为"除2取余，倒序排列"。

表1-3   二进制位的权值与十进制数对应表

二进制权值	2^0	2^1	2^2	2^3	2^4	2^5	2^6	2^7	2^8	2^9	2^{10}	……
十进制数	1	2	4	8	16	32	64	128	256	512	1024	……

小数部分可用"乘2取整法"，即将原十进制数连续乘以2，每次所得整数作为二进制数的数码，先得到的整数作为二进制数的高位，后得到的为低位，这种方法可概括为"乘2取整，顺序排列"。

【例1-1】 将十进制数（217.3125）$_{10}$ 转换为二进制。

解：

1）整数部分

（1）采用"降幂比较法"。

$217 - 128 = 89 \qquad 128 = 2^7;$

$89 - 64 = 25 \qquad 64 = 2^6;$

$25 - 16 = 9 \qquad 16 = 2^4;$

$9 - 8 = 1 \qquad 8 = 2^3;$

$1 - 1 = 0 \qquad 1 = 2^0。$

即：$(217)_{10} = (11011001)_2$

（2）采用"除2取余法"

2	217	…………余1	b_0
2	108	…………余0	b_1
2	54	…………余0	b_2
2	27	…………余1	b_3
2	13	…………余1	b_4
2	6	…………余0	b_5
2	3	…………余1	b_6
2	1	…………余1	b_7
	0		

2）小数部分

$0.3125×2=0.625$ …………整数为0 b_{-1}

$0.625×2=1.25$ …………整数为1 b_{-2}

$0.25×2=0.5$ …………整数为0 b_{-3}

$0.5×2=1.0$ …………整数为1 b_{-4}

即：$(217.3125)_{10} = (11011001.0101)_2$

3）二进制与八进制、十六进制之间的相互转换

（1）二进制数与八进制数之间的相互转换。

二进制数转换为八进制数的方法是：以小数点为界，将二进制数的整数部分从低位开始，小数部分从高位开始，每 3 位分成一组，头尾不足 3 位的补 0，然后将每组的 3 位二进制数转换为 1 位八进制数。

八进制数转换为二进制数的方法是：将每位八进制数写成对应的 3 位二进制数，再按照原来的顺序排列就行了。

【例 1-2】 将（11110100010.10110）$_2$ 转换成八进制数。

解：

$$
\begin{array}{ccccccc}
011 & 110 & 100 & 010 & . & 101 & 100 \\
\downarrow & \downarrow & \downarrow & \downarrow & & \downarrow & \downarrow \\
3 & 6 & 4 & 2 & . & 5 & 4
\end{array}
$$

即：（11110100010.10110）$_2$ =（3642.54）$_8$

【例 1-3】 将（364.52）$_8$ 转换成二进制数。

解：

$$
\begin{array}{ccccc}
3 & 6 & 4 & . & 5 & 2 \\
\downarrow & \downarrow & \downarrow & & \downarrow & \downarrow \\
011 & 110 & 100 & . & 101 & 010
\end{array}
$$

即：（364.52）$_8$ =（011110100.101010）$_2$

（2）二进制数与十六进制数之间的相互转换。

二进制数转换为十六进制数的方法是：以小数点为界，将二进制数的整数部分从低位开始，小数部分从高位开始，每 4 位分成一组，头尾不足 4 位的补 0，然后将每组的 4 位二进制数转换为 1 位十六进制数。

【例 1-4】 将（11110100010.11101）$_2$ 转换成十六进制数。

解：

$$
\begin{array}{ccccc}
0111 & 1010 & 0010 & . & 1110 & 1000 \\
\downarrow & \downarrow & \downarrow & & \downarrow & \downarrow \\
7 & A & 2 & . & E & 8
\end{array}
$$

即：（11110100010.11101）$_2$ =（7A2.E8）$_{16}$

十六进制数转换为二进制数的方法是：将每位十六进制数写成对应的 4 位二进制数，再按照原来的顺序排列就行了。

【例 1-5】 将（89D.5B）$_{16}$ 转换成二进制数。

解：

$$
\begin{array}{ccccc}
8 & 9 & D & . & 5 & B \\
\downarrow & \downarrow & \downarrow & & \downarrow & \downarrow \\
1000 & 1001 & 1101 & . & 0101 & 1011
\end{array}
$$

即：（89D.5B）$_{16}$ =（100010011101.01011011）$_2$

十进制数、二进制数、八进制数和十六进制数之间的对应关系如表 1-4 所示。

表 1-4 进制数之间的对应关系

十进制数	二进制数	八进制数	十六进制数
0	0000	0	0
1	0001	1	1
2	0010	2	2
3	0011	3	3
4	0100	4	4
5	0101	5	5
6	0110	6	6
7	0111	7	7
8	1000	10	8
9	1001	11	9
10	1010	12	A
11	1011	13	B
12	1100	14	C
13	1101	15	D
14	1110	16	E
15	1111	17	F

3. 码 制

在数字系统中，由 0 和 1 组成的二进制数不仅可以表示数值的大小，还可以表示特定的信息。用二进制数表示一些具体特定含义信息的方法称为编码，用不同表示形式可以得到多种不同的编码，这就是码制。例如：用 4 位二进制位数表示 1 位十进制数，称为二-十进制代码，即 BCD 码。常用的编码有二-十进制 BCD 码、格雷码和 ASCII 码等。

1）二-十进制 BCD 码

用 4 位二进制位数表示 0 ~ 9 这 10 个数字。4 位二进制代码有 $2^4 = 16$ 种组合状态，从中取出十种组合表示 0 ~ 9 这 10 个数字可以有多种方式，因此十进制代码有多种。常用的 BCD 码有 8421 码、2421 码、5421 码和余 3 码等。

（1）8421 码。

在 8421 码中，10 个十进制数码与 4 位自然二进制数一一对应，即用二进制数的 0000 ~ 1001 表示十进制数 0 ~ 9。1010 ~ 1111 等 6 种状态是不用的，称为禁用码。8421 码是一种有权码，各位的权从左到右依次为 8、4、2、1，故称为 8421 码。

8421BCD 码是一种最基本的 BCD 码，应用较普遍。8421 码与十进制数之间的转换只要直接按位转换即可。

例如：$(1985)_{10} = (0001\ 1001\ 1000\ 0101)_{8421BCD}$。

（2）2421 码和 5421 码。

2421 码、5421 码和 8421 码一样，都是有权码。2421 码和 5421 码各位的权从左到右依次为 2、4、2、1 和 5、4、2、1，则与每一代码等值的十进制数就是它表示的十进制数。

例如：（1985）$_{10}$ =（0001 1111 1110 1011）$_{2421BCD}$ =（0001 1100 1011 1000）$_{5421BCD}$

（3）余 3 码。

余 3 码是一种无权码，即每一位没有固定的权相对应。如果将每个代码视为 4 位二进制数，且从左到右每位依次为 8、4、2、1，则等值的十进制数比它所表示的十进制数多 3，故称为余 3 码。

例如：(1985)$_{10}$ = (0100 1100 1011 1000)$_{余3码}$。

2）格雷码

格雷码又称为循环码，这是在检测和控制系统中常用的一种代码。它的特点是：相邻两个代码之间仅有一位不同，其余各位均相同。计数电路按格雷码计数时，每次状态仅仅变化一位代码，减少了出错的可能性。格雷码属于无权码，它有多种代码形式，其中最常用的一种是循环码。

常用的 BCD 码和格雷码的编码形式如表 1-5 所示。

表 1-5　常用 BCD 码和格雷码的编码形式

十进制数	BCD 码				格雷码
	8421 码	2421 码	5421 码	余 3 码	
0	0000	0000	0000	0011	0000
1	0001	0001	0001	0100	0001
2	0010	0010	0010	0101	0011
3	0011	0011	0011	0110	0010
4	0100	0100	0100	0111	0110
5	0101	1011	1000	1000	0111
6	0110	1100	1001	1001	0101
7	0111	1101	1010	1010	0100
8	1000	1110	1011	1011	1100
9	1001	1111	1100	1100	1101
权	8421	2421	5421	—	—

3）ASCII 码

ASCII 码是美国标准信息交换码，是一种字符码，专门用来处理数字、字母及各种符号的二进制代码。用 7 位二进制数码来表示字符，可以表示 $2^7 = 128$ 个字符，如表 1-6 所示。

表 1-6   ASCII 码的编码形式

$D_3D_2D_1D_0$ / $D_6D_5D_4$	000	001	010	011	100	101	110	111
0000	NUL	DLE	SP	0	@	P	、	p
0001	SOH	DC1	!	1	A	Q	a	q
0010	STX	DC2	"	2	B	R	b	r
0011	ETX	DC3	#	3	C	S	c	s
0100	EOT	DC4	$	4	D	T	d	t
0101	ENQ	NAK	%	5	E	U	e	u
0110	ACK	SYN	&	6	F	V	f	v
0111	BEL	ETB	'	7	G	W	g	w
1000	BS	CAN	(	8	H	X	h	x
1001	HT	EM	)	9	I	Y	i	y
1010	LF	SUB	*	:	J	Z	j	z
1011	VT	ESC	+	;	K	[	k	{
1100	FF	FS	,	<	L	\	l		
1101	CR	GS	-	=	M	]	m	}
1110	SO	RS	.	>	N	^	n	~
1111	SI	US	/	?	O	_	o	DEL

1.2.3   逻辑代数基础

在前面学习的基础上,可以用不同的数字表示不同数量的大小,也可以用不同的数字表示不同事物或者事物的不同状态,称为逻辑状态。

所谓"逻辑",就是指事物的各种因果关系。就整体而言,数字电路的输出变量和输入变量之间的关系是一种因果关系,它可以用逻辑表达式来描述,因而数字电路又称为逻辑电路。当两个数字代表两个不同的逻辑状态时,可以按照它们之间存在的因果关系进行推理运算,这种运算称为逻辑运算。

英国数学家乔治·布尔(George Boole)于 1849 年首先提出了进行逻辑运算的数学方法——逻辑代数,也称为布尔代数。现在逻辑代数已经成为分析和设计逻辑电路的主要数学工具。逻辑代数用二值函数进行逻辑运算。利用逻辑代数可以将客观事物之间复杂的逻辑关系用简单的代数式描述出来,从而方便地研究各种复杂的逻辑问题。

逻辑代数与普通代数一样,也是用字母表示变量,但不同的是逻辑代数的变量取值只有 1 和 0,这里的 1 和 0 并不表示数量的大小,而是两种对立的逻辑状态,例如"对"和"错"、"有"和"无"、"通"和"断"、"高电平"和"低电平"等。1 和 0 的含义要根据所研究的具体事物来确定。

任何一个具体的逻辑因果关系都可以用一个确定的逻辑函数来描述。有了逻辑函数就可以很方便地研究各种复杂的逻辑问题。

1.3 种基本逻辑关系及运算

基本的逻辑关系有 3 种：逻辑与、逻辑或和逻辑非。

下面用图 1-2 所示的指示灯控制电路来说明逻辑函数的实际意义。假设开关闭合为 1，断开为 0；灯亮为 1，灯灭为 0。用 A、B 作为开关 S_1、S_2 的状态变量，用 Y 作为灯 H 的状态变量。

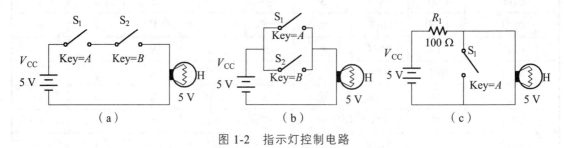

图 1-2　指示灯控制电路

1）逻辑与

只有当决定事物结果的所有条件全部具备时，这个结果才会发生，这种逻辑关系称为逻辑与关系。

在图 1-2（a）所示的电路中，只有当开关 S_1 和 S_2 都闭合，即 A 与 B 都为 1 时，Y 才能为 1，灯才能亮。所以灯和开关之间的逻辑关系即为逻辑与关系。

逻辑与运算也称为"逻辑乘"，其逻辑表达式（表示逻辑函数中各个变量之间逻辑关系的代数式）为

$$Y = A \cdot B \quad \text{或} \quad Y = AB \tag{1-5}$$

逻辑与运算的规律为：输入有 0 得 0，全 1 得 1。

逻辑与的逻辑符号如图 1-3（a）所示。

2）逻辑或

在决定事物结果的所有条件中，只要具备一个或一个以上的条件，这个结果就会发生，这种逻辑关系称为逻辑或关系。

在图 1-2（b）所示的电路中，只要开关 S_1 或 S_2 有一个闭合，即 A 或 B 有一个为 1 时，Y 就为 1，灯就会亮。所以灯和开关之间的逻辑关系即为逻辑或。

逻辑或运算也称为"逻辑加"，其逻辑表达式为

$$Y = A + B \tag{1-6}$$

逻辑或运算的规律为：输入有 1 得 1，全 0 得 0。

逻辑或的逻辑符号如图 1-3（b）所示。

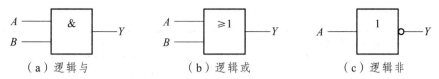

（a）逻辑与　　　　　　　　（b）逻辑或　　　　　　　　（c）逻辑非

图 1-3　基本逻辑关系的逻辑符号

3）逻辑非

当决定事物结果的条件具备时，这个结果不会发生，当条件不具备时，结果反而会发生，这种逻辑关系称为逻辑非关系。

在图 1-2（c）所示的电路中，当开关 S_1 断开时灯亮，当开关 S_1 闭合时灯灭。所以灯和开关之间的逻辑关系即为逻辑非。

逻辑非运算也称为"反运算"，其逻辑表达式为

$$Y = \overline{A} \tag{1-7}$$

逻辑非运算的规律为：输入 0 变 1，1 变 0，即"始终相反"。

逻辑非的逻辑符号如图 1-3（c）所示。

逻辑关系还可以采用逻辑函数各个输入变量取值组合和输出变量值之间所对应关系的表格来表示，这个表格被称为真值表。3 种基本逻辑关系的真值表如表 1-7 所示。

表 1-7　基本逻辑关系的真值表

逻辑与（$Y = AB$）			逻辑或（$Y = A + B$）			逻辑非（$Y = \overline{A}$）	
A	B	Y	A	B	Y	A	Y
0	0	0	0	0	0		
0	1	0	0	1	1	0	1
1	0	0	1	0	1		
1	1	1	1	1	1	1	0

2. 常用复合逻辑关系

除了上述的逻辑与、逻辑或和逻辑非 3 种基本的逻辑关系外，还有与非、或非、异或和同或等复合逻辑关系。几种常见的复合逻辑关系的逻辑表达式、逻辑符号、真值表及逻辑运算规律如表 1-8 所示。

表 1-8　复合逻辑关系

逻辑关系	逻辑表达式	逻辑符号	真值表					逻辑运算规律
与非	$Y = \overline{AB}$		A	0	0	1	1	有 0 得 1 全 1 得 0
			B	0	1	0	1	
			Y	1	1	1	0	
或非	$Y = \overline{A + B}$		A	0	0	1	1	全 0 得 1 有 1 得 0
			B	0	1	0	1	
			Y	1	0	0	0	

逻辑关系	逻辑表达式	逻辑符号	真值表					逻辑运算规律
异或	$Y = A \oplus B$ $= \overline{A}B + A\overline{B}$	A —[=1]— Y B —	A	0	0	1	1	相同为 0 不同为 1
			B	0	1	0	1	
			Y	0	1	1	0	
同或	$Y = A \odot B$ $= AB + \overline{A}\,\overline{B}$	A —[=1]o— Y B —	A	0	0	1	1	相同为 1 不同为 0
			B	0	1	0	1	
			Y	1	0	0	1	

3. 逻辑代数的基本公式和定律

1）逻辑代数的基本公式

逻辑代数的基本公式是一些不需要证明的、直观的恒等式。它们是逻辑代数的基础，利用它们可以化简逻辑函数，还可以用来推证一些逻辑代数的基本定律。基本逻辑运算公式如表 1-9 所示。

表 1-9　基本逻辑运算公式

逻辑与	逻辑或	逻辑非
$A \cdot 0 = 0$	$A + 0 = A$	
$A \cdot 1 = A$	$A + 1 = 1$	$\overline{\overline{A}} = A$
$A \cdot \overline{A} = 0$	$A + \overline{A} = 1$	
$A \cdot A = A$	$A + A = A$	

2）逻辑代数的基本定律

逻辑代数的基本定律是分析、设计逻辑电路、化简和变换逻辑函数的重要工具。主要有以下 5 种。

（1）交换律。

$$A + B = B + A \tag{1-8}$$

$$A \cdot B = B \cdot A \tag{1-9}$$

（2）结合律。

$$A + B + C = A + (B + C) \tag{1-10}$$

$$ABC = A(BC) = (AB)C \tag{1-11}$$

（3）分配律。

$$A(B + C) = AB + AC \tag{1-12}$$

$$A + BC = (A + B)(A + C) \tag{1-13}$$

（4）吸收律。

$$AB + A\overline{B} = A \tag{1-14}$$

$$A + AB = A \tag{1-15}$$

$$(A+B)(A+\overline{B}) = A \tag{1-16}$$

$$A(A+B) = A \tag{1-17}$$

$$A + \overline{A}B = A + B \tag{1-18}$$

$$A(\overline{A}+B) = AB \tag{1-19}$$

（5）摩根定律（反演律）。

$$\overline{A+B} = \overline{A}\,\overline{B} \tag{1-20}$$

$$\overline{AB} = \overline{A} + \overline{B} \tag{1-21}$$

3）逻辑代数的基本规则

逻辑代数有 3 个重要规则，利用这 3 个规则，可以得到更多的公式，从而使公式的应用范围更为广泛，使用也更为灵活。

（1）代入规则。

在任何一个等式中，若将等式中出现的同一变量用同一逻辑函数替代，则等式仍然成立，这一规则称为代入规则。例如：已知 $\overline{A+B} = \overline{A}\,\overline{B}$，若 $B = C+D$，则

$$\overline{A+C+D} = \overline{A} \cdot \overline{C+D} = \overline{A}\,\overline{C}\,\overline{D}$$

（2）反演规则。

对于任何一个逻辑函数 Y，如果将该逻辑表达式中所有的"·"换成"＋"，"＋"换成"·"，0 换成 1，1 换成 0，原变量换成反变量，反变量换成原变量，则所得到的逻辑表达式为 $\overline{Y}$（即函数 Y 的逻辑非）。这一规则称为反演规则。例如：$Y = AB + BC$
则

$$\overline{Y} = (\overline{A} + \overline{B}) \cdot (\overline{B} + \overline{C})$$

利用反演规则可以很容易求出一个函数的反函数。但必须注意，不能破坏原函数的运算次序。

（3）对偶规则。

对于任何一个逻辑函数 Y，如果将该逻辑表达式中所有的"·"换成"＋"，"＋"换成"·"，0 换成 1，1 换成 0，而变量保持不变，则所得到的逻辑表达式为新函数 Y'。Y' 称为函数 Y 的对偶函数。这个规则称为对偶规则。例如：$Y = AB + BC$
则

$$Y' = (A+B) \cdot (B+C)$$

同样需要注意的是，在求一个函数的对偶函数时，不能破坏原函数的运算次序，上式中的括号是必不可少的。

（4）利用逻辑代数运算的基本定律进行逻辑表达式的转换。

对于一个逻辑函数，当用不同电路来实现时，其逻辑表达式的形式也不同，这时就需要将逻辑表达式进行转换。下面两个例子是常见的转换。

【例1-6】 将与非-与非表达式转换成与或表达式。

$$Y = \overline{\overline{\overline{AB}\,\overline{CD}}} = AB + CD$$

【例1-7】 将与或表达式转换成与非—与非表达式。

$$Y = AB + CD = \overline{\overline{AB + CD}} = \overline{\overline{AB}\,\overline{CD}}$$

4. 逻辑函数的表示方法

在研究逻辑问题时，根据逻辑函数的特点，可用真值表、逻辑表达式、逻辑图和卡诺图4种表示方法来表示逻辑函数。

1）表示方法

（1）真值表。

真值表是表示逻辑函数各个输入变量取值组合和输出变量值之间所对应关系的表格。其最大的特点就是能直观地表示输出与输入之间的逻辑关系。如表1-7所示为基本逻辑关系的真值表。

（2）逻辑表达式。

逻辑表达式指的是用与、或、非等运算表示逻辑函数中各个变量之间逻辑关系的代数式。在各种表示方法中使用最多的就是逻辑表达式。例如：

$$Y(A, B, C) = AB + BC + AC$$

在逻辑表达式的化简和变换过程中，经常需要将逻辑表达式化为最小项之和的标准形式。为此，首先需要介绍最小项的概念。

① 最小项及其性质。

在有 n 个输入变量的逻辑函数中，假设 m 为含有 n 个变量的乘积项，而且这 n 个变量都以原变量或反变量的形式在 m 中出现一次，且仅出现一次，则称 m 是这 n 个输入变量的一个最小项。

例如：两变量 A 和 B 的最小项有 $\overline{A}\,\overline{B}$、$\overline{A}B$、$A\overline{B}$、$AB$，共4个；3变量 A、B、C 的最小项有 $\overline{A}\,\overline{B}\,\overline{C}$、$\overline{A}\,\overline{B}C$、$\overline{A}B\overline{C}$、$\overline{A}BC$、$A\overline{B}\,\overline{C}$、$A\overline{B}C$、$AB\overline{C}$、$ABC$，共8个。

推广：一个变量仅有原变量和反变量两种形式，因此n个变量共有 2^n 个最小项。

为了书写方便，最小项常常以代号的形式写为 m_i。m 代表最小项，下标 i 为最小项编号。i 是 n 变量取值组合（原变量用1代替，反变量用0代替）排成二进制数所对应的十进制数。例如，3变量的最小项 $\overline{A}\,\overline{B}\,\overline{C}$，对应的二进制数为000，转换为十进制数为0，0即为 m 的下标，即为 m_0；最小项 ABC 对应的二进制数为111，转换为十进制数为7，7即为 m 下标，即为 m_7。3变量最小项编号如表1-10所示。

根据最小项的概念，可以证明它具有如下重要性质：

＊ 在输入变量的任何取值下，有且仅有一个最小项取值为1；

＊ 全部最小项之和为 1；

＊ 任何两个最小项之积为 0；

＊ 相邻两个最小项之和可以合并为一项，合并后的结果中只保留这两项的公共因子。

所谓相邻指的是两个最小项之间仅有一个变量不同。例如：3 变量最小项 $\overline{A}\,\overline{B}\,\overline{C}$ 和 $A\overline{B}\,\overline{C}$ 只有 $\overline{B}$ 和 B 不同，所以具有相邻性。将它们相加后得到：

$$\overline{A}\,\overline{B}\,\overline{C}+AB\overline{C} = A\overline{C}(\overline{B}+B) = A\overline{C}$$

表 1-10 3 变量最小项编号表

最小项	输入变量取值	对应的十进制数	最小项编号
$\overline{A}\,\overline{B}\,\overline{C}$	000	0	m_0
$\overline{A}\,\overline{B}C$	001	1	m_1
$\overline{A}B\overline{C}$	010	2	m_2
$\overline{A}BC$	011	3	m_3
$A\overline{B}\,\overline{C}$	100	4	m_4
$A\overline{B}C$	101	5	m_5
$AB\overline{C}$	110	6	m_6
ABC	111	7	m_7

② 逻辑表达式最小项之和的形式。

任何一个逻辑表达式都可以展开为若干个最小项相加的形式，这种形式叫作最小项之和的形式，也称为标准与或表达式。

【例 1-8】 将下面的逻辑函数化为最小项之和形式。

$$Y(A,B,C) = A\overline{C} + ABC$$

解：

$$\begin{aligned}Y(A,B,C) &= A\overline{C} + ABC\\ &= A\overline{C}(B+\overline{B}) + ABC\\ &= AB\overline{C} + A\overline{B}\,\overline{C} + ABC\\ &= m_4 + m_6 + m_7\end{aligned}$$

通常把这种形式写成最小项相加的标准形式：$Y(A,B,C) = \sum m(4,6,7)$。

（3）逻辑图。

逻辑图指的是将逻辑符号连接起来表示逻辑函数所得到的连接图。

【例 1-9】 试画出 $Y=AB+BC$ 的逻辑图。

解：

此逻辑表达式可以用两个与门和一个或门来实现，如图 1-4 所示。

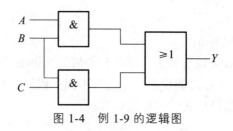

图 1-4 例 1-9 的逻辑图

（4）卡诺图。

① 卡诺图的画法规则。

卡诺图（Karnaugh map）是逻辑函数的图形表示方法，以其发明者美国贝尔实验室的工程师莫里斯·卡诺（Maurice Karnaugh）的名字而命名的。

如果以 2^n 个小方格分别代表 n 个变量的所有最小项，并将它们排列成矩阵，而且使几何位置相邻的两个最小项在逻辑上也是相邻的，这就得到了表示 n 个变量全部最小项的卡诺图。

为了保证几何位置相邻的两个最小项在逻辑上也是相邻的，这些数码就不能按照自然二进制数顺序排列，而必须按照如下顺序排列：

$$00 \longrightarrow 01 \longrightarrow 11 \longrightarrow 10$$

图 1-5（a）、（b）、（c）分别给出了 2 变量、3 变量和 4 变量卡诺图的画法。

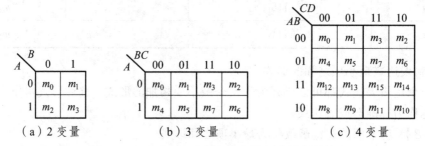

（a）2 变量　　　　　（b）3 变量　　　　　（c）4 变量

图 1-5　2 变量、3 变量、4 变量卡诺图的画法

② 用卡诺图表示逻辑函数。

如果将逻辑函数化成最小项之和的形式，然后在最小项卡诺图上与函数式中包含的最小项所对应的位置上填入 1，在其余位置上填入 0，就得到该逻辑函数的卡诺图。所以，可以说任何一个逻辑函数都等于它的卡诺图中填有 1 的位置上那些最小项之和。

【例 1-10】　用卡诺图表示下面的逻辑函数。

$$Y(A,B,C) = A\overline{C} + \overline{A}BC \tag{1-22}$$

解：

首先，将式（1-22）化成最小项之和的形式。

$$\begin{aligned}
Y(A,B,C) &= A\overline{C} + \overline{A}BC \\
&= A\overline{C}(B+\overline{B}) + \overline{A}BC \\
&= AB\overline{C} + A\overline{B}\,\overline{C} + \overline{A}BC
\end{aligned}$$

$$= m_6 + m_4 + m_3$$
$$= \sum m(3,4,6)$$

其次，画出 3 变量最小项卡诺图，在 m_3、m_4 和 m_6 的方格内填入 1，在其余方格内填入 0，就得到了式（1-22）的逻辑函数的卡诺图，如图 1-6 所示。

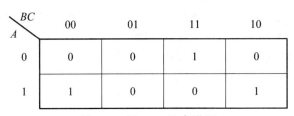

图 1-6 例 1-10 的卡诺图

2）逻辑函数表示法之间的转换

既然同一逻辑函数有不同的表示方法，那么这些方法之间就一定能相互转换。

（1）逻辑表达式与真值表之间的转换。

① 由逻辑表达式转换成真值表。

其方法是：把逻辑函数中输入变量所有取值的组合有序地填入真值表中（有 n 个变量时，变量取值的组合有 2^n 个），再计算出各组取值对应的函数值，并填入表中，就得到逻辑函数的真值表。

② 由真值表转换成逻辑表达式。

其方法是：首先，将真值表中每一组使输出函数值为 1 的输入变量都写成一个乘积项；其次，在这些乘积项中，取值为 1 的变量写成原变量，取值为 0 的变量写成反变量；最后，将这些乘积项相加，就得到了逻辑函数的与或表达式。

【例 1-11】 逻辑函数得到的真值表如表 1-11 所示，试写出它的逻辑表达式。

表 1-11 例 1-11 的真值表

A	B	C	Y
0	0	0	0
0	0	1	0
0	1	0	0
0	1	1	1
1	0	0	0
1	0	1	1
1	1	0	1
1	1	1	1

解：

首先，输出函数值为 1 的输入变量取值有：011、101、110、111。

其次，其对应乘积项有：$\overline{A}BC$、$A\overline{B}C$、$AB\overline{C}$、ABC。

最后，将这些乘积项相加，就得到了逻辑函数的与或表达式，即

$$Y(A,B,C) = \overline{A}BC + A\overline{B}C + AB\overline{C} + ABC$$

（2）逻辑表达式与逻辑图之间的转换。

如果给出了逻辑表达式，那么只要以逻辑符号代替逻辑表达式中的代数运算符号，并依照表达式中的运算优先顺序将这些逻辑符号连接起来，就可以得到所要的逻辑图。

反之，如果给出了逻辑图，则只要从输入端到输出端写出每个逻辑符号所表示的逻辑表达式，就得到整个逻辑图对应的逻辑表达式。

【例 1-12】用逻辑图表示下面的逻辑表达式。

$$Y(A,B,C) = AB + BC + AC \qquad\qquad (1\text{-}23)$$

解：用逻辑符号代替式（1-23）中的代数运算符号，并按运算优先顺序连接，即得到图 1-7 所示的逻辑图。

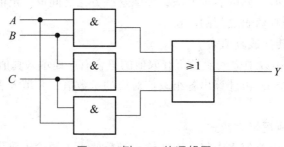

图 1-7 例 1-12 的逻辑图

【例 1-13】写出图 1-8 所示逻辑图的逻辑表达式。

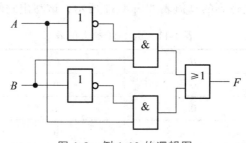

图 1-8 例 1-13 的逻辑图

解：从输入端向输出端逐级写出逻辑符号表示的逻辑表达式，便得到：

$$F(A,B) = \overline{A}B + A\overline{B}$$

（3）逻辑表达式与卡诺图之间的转换。

在之前介绍逻辑函数的卡诺图表示法时，已经讲到将给定的逻辑表达式转换为卡诺图的方法，即首先将逻辑表达式化成最小项之和的形式，然后在卡诺图上这些最小项对应的位置上填入 1，同时在其余的位置上填入 0，这样就得到了该逻辑函数的卡诺图，如在例 1-10 中所做的那样。

如果给出了逻辑函数的卡诺图，那么只要将卡诺图中填 1 的位置上的最小项相加，就能得到相应的逻辑表达式。

【例 1-14】 写出图 1-9 所示卡诺图所表示的逻辑表达式。

A $\backslash$ BC	00	01	11	10
0	1	0	1	0
1	0	1	1	0

图 1-9   例 1-14 的卡诺图

解：因为任何逻辑函数都是它的卡诺图中填入 1 的那些最小项之和，所以由图 1-9 的卡诺图得到：

$$Y(A,B,C) = \overline{A}\,\overline{B}\,\overline{C} + \overline{A}BC + A\overline{B}C + ABC$$

1.2.4   逻辑函数化简

当用逻辑表达式表示逻辑函数时，同一个逻辑往往可以有不同的形式。例如，下面两个表达式表示的就是同一个逻辑函数：

$$Y(A,B,C) = \overline{A}BC + A\overline{B}C + AB\overline{C} + ABC$$

$$Y(A,B,C) = AB + BC + AC$$

逻辑表达式越简单，实现该逻辑函数所需要的器件就越少，电路结构也越简单。所以，在很多情况下，需要把逻辑表达式化简为最简单的形式，这项工作也叫作逻辑表达式的最简化。对于标准与或式的逻辑表达式最简化的目标，就是使表达式中包含的乘积项最少，同时每个乘积项包含的因子最少。常见的化简方法有公式化简法和卡诺图化简法。

1. 逻辑函数的公式化简法

公式化简法也称公式法，其基本原理就是利用逻辑代数的基本定律和常用公式对表达式进行运算，消去多余的乘积项和每个乘积项中的多余因子，以求得最简式。公式法化简没有固定的方法可循，能否得到满意的结果，与掌握公式的熟练程度和运用技巧有关。常用的公式化简方法如表 1-12 所示。

对复杂逻辑函数的化简，往往需要灵活、交替、综合地利用多个基本公式和多种方法，才能获得比较理想的化简结果。

表 1-12   常用的公式化简方法

方法名称	所用公式	方法说明
并项法	$AB + A\overline{B} = A$	（1）将两项合并为一项，消去一个因子； （2）A 和 B 也可以是一个逻辑表达式
吸收法	$A + AB = A$	将多余的乘积项 AB 消去

方法名称	所用公式	方法说明
消去法	$A + \overline{A}B = A + B$ $AB + \overline{A}C + BC = AB + \overline{A}C$	（1）消去乘积项中多余的因子； （2）消去多余的 BC
配项法	$A + \overline{A} = 1$ $A + A = A$ 或 $A\overline{A} = 0$	（1）用该式乘以某一项，可使其变为两项，再与其他项合并化简； （2）用该式在原式中重复乘积项或互补项，再与其他项合并化简。

2. 逻辑函数的卡诺图化简法

卡诺图化简法的基本原理是根据常用公式 $AB + A\overline{B} = A$，将两个逻辑相邻项之和合并为一项，并消去一个因子。所以，在卡诺图中两个位置相邻方格的最小项之和也具有这种逻辑相邻性。

由于在画逻辑函数的卡诺图时保证了几何位置相邻的最小项在逻辑上也一定是相邻的，所以从卡诺图上可以很直观地判断出哪些最小项能够合并。图 2-10、图 2-11、图 2-12 分别给出了 2 个、4 个和 8 个最小项相邻时的合并情况。

1）卡诺图的性质

（1）卡诺图中任意 2 个标 1 的相邻最小项，可以合并为一项，并消去一个变量。

在逻辑函数与或表达式中，如果两乘积项仅有一个因子不同，而这一因子又是同一变量的原变量和反变量，则两项可合并为一项，消除其不同因子，合并后的项为这两项的公因子。

例如：将 3 变量卡诺图中的 m_4、m_6 两项相加得

$$m_4 + m_6 = A\overline{B}\overline{C} + AB\overline{C} = A\overline{C}$$

因为 B 和 $\overline{B}$ 为互补因子，组成或项后可消去。

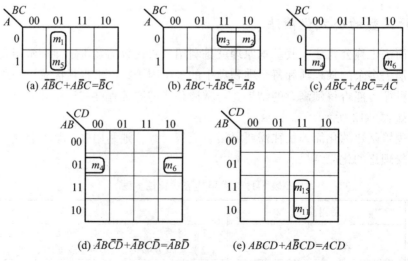

(a) $\overline{A}\overline{B}C + A\overline{B}C = \overline{B}C$ (b) $\overline{A}BC + \overline{A}B\overline{C} = \overline{A}B$ (c) $A\overline{B}\overline{C} + AB\overline{C} = A\overline{C}$

(d) $\overline{A}B\overline{C}\overline{D} + \overline{A}BC\overline{D} = \overline{A}B\overline{D}$ (e) $ABCD + A\overline{B}CD = ACD$

图 1-10　两个最小项合并

（2）卡诺图中任意 4 个标 1 的相邻最小项，可以合并为一项，并消去两个变量（见图 1-11）。

如图 1-11（f）所示的某 4 变量函数中包含 m_0、m_2、m_8、m_{10}，则用公式法化简时可写为

$$m_0 + m_2 + m_8 + m_{10} = \overline{A}\overline{B}\overline{C}\overline{D} + \overline{A}\overline{B}C\overline{D} + A\overline{B}\overline{C}\overline{D} + A\overline{B}C\overline{D}$$

$$= \overline{A}\overline{B}\overline{D}(\overline{C} + C) + A\overline{B}\overline{D}(\overline{C} + C)$$

$$= \overline{A}\overline{B}\overline{D} + A\overline{B}\overline{D}$$

$$= \overline{B}\overline{D}(\overline{A} + A)$$

$$= \overline{B}\overline{D}$$

$\overline{B}\overline{D}$ 为该 4 项的公因子，消去两个变量 A 和 C。而在卡诺图中，这 4 项几何相邻，很直观，可以把它们圈为一个方格群，直接提取其公因子 $\overline{B}\overline{D}$。

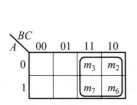
(a) $\overline{A}BC+\overline{A}B\overline{C}+ABC+AB\overline{C}=B$

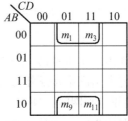
(c) $\overline{A}B\overline{C}D+\overline{A}BCD+AB\overline{C}D+ABCD=BD$

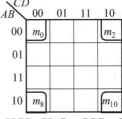
(d) $\overline{A}\overline{B}\overline{C}+\overline{A}B\overline{C}+A\overline{B}\overline{C}+AB\overline{C}=\overline{C}$

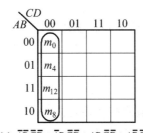
(e) $\overline{A}\overline{B}\overline{C}D+\overline{A}BCD+AB\overline{C}D+A\overline{B}CD=CD$

(f) $\overline{A}\overline{B}\overline{C}\overline{D}+\overline{A}\overline{B}C\overline{D}+A\overline{B}\overline{C}\overline{D}+A\overline{B}C\overline{D}=\overline{B}\overline{D}$

图 1-11　4 个最小项合并

（3）同理，卡诺图中任何 8 个标 1 的相邻最小项，可以合并为 1 项，并消去 3 个变量（见图 1-12）。

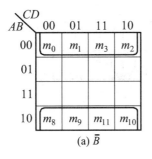
(a) $\overline{B}$

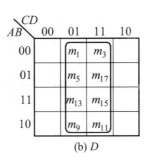
(b) D

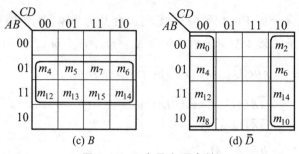

(c) B   (d) $\bar{D}$

图 1-12　8 个最小项合并

推广： 卡诺图中任意 2^n 个标 1 的相邻最小项，可以合并为一项，并消去 n 个变量。

注意： （1）能够合并的最小项数必须是 2 的整数次幂，即 2^i （$i = 0$，1，2，3…）。

（2）要合并的对应方格必须排列成矩形。

2）用卡诺图化简逻辑函数的基本步骤

（1）首先将逻辑函数变换为最小项之和式。

（2）画出逻辑函数的卡诺图。

（3）将卡诺图中按照矩形排列的相邻 1 画圈为若干个相邻组，其原则是：

① 相邻组画圈时必须把组成函数的全部最小项（即卡诺图上所有的 1）都圈完，为了不遗漏，一般应先圈孤立项，再圈只有一种合并方式的最小项。

② 画圈时，最小项可以被重复画圈，但每个方格群至少要有 1 个最小项与其他方格群不重复，以保证该化简项的独立性。

③ 相邻项的圈应尽可能少，使化简后的乘积项最少。

④ 相邻项的圈应尽可能大（即圈尽可能多的 1），即方格群中包含的最小项越多，公因子越少，化简结果越简单。

（4）合并最小项。

（5）将合并后的乘积项加起来就是最简与或表达式。

【例 1-15】 利用卡诺图化简法化简逻辑函数：

$$Y(A,B,C) = \bar{A}BC + A\bar{B}C + AB\bar{C} + ABC \tag{1-24}$$

解： 式（1-24）已经是最小项表达式，所以省去步骤中第（1）步。

（1）画出逻辑函数 Y 的卡诺图，如图 1-13 所示。

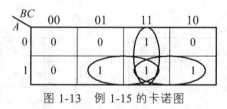

图 1-13　例 1-15 的卡诺图

（2）画圈。

（3）合并最小项。

（4）将合并后的乘积项加起来便得到最简与或表达式。

提取每个圈中最小项的公因子构成乘积项，然后将这些乘积项相加，得到最简与或表达式为

$$Y(A,B,C) = AB + BC + AC$$

【**例 1-16**】 利用卡诺图化简法化简逻辑函数：

$$Y(A,B,C,D) = \sum m(3,4,6,7,10,13,14,15)$$

解：

（1）首先画出逻辑函数 Y 的卡诺图，如图 1-14 所示。

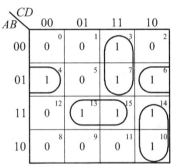

图 1-14   例 1-16 的卡诺图

该卡诺图中方格右上角的数字为每个最小项的下标，使用者熟练掌握卡诺图应用以后，该数字可以不必标出。

（2）画圈。

从图中看出，m（6，7，14，15）不必再圈了，尽管这个包围圈最大，但它不是独立的，这 4 个最小项已被其他 4 个方格群全圈过了。

（3）合并最小项。

（4）将合并后的乘积项加起来便得到最简与或表达式。

提取每个圈中最小项的公因子构成乘积项，然后将这些乘积项相加，得到最简与或表达式为

$$Y(A,B,C,D) = \overline{A}CD + \overline{A}B\overline{D} + ABD + AC\overline{D}$$

3）含随意项的逻辑函数的化简

某些逻辑函数，只要求一部分最小项函数有确定的值，而对其余最小项，函数的取值可以随意，既可以为 0，也可以为 1，如十字路口的交通信号灯。或者，在逻辑函数中变量的某些取值组合根本不会出现，例如，用 8421BCD 码表示十进制的 10 个数字时，只有 0000、0001、…、1001 等 10 个组合，而 1010、…、1111 这 6 个组合是不会出现的，或不允许出现（不符合客观事实）。这些函数中可以随意取值或不会出现的变量取值所对应的最小项称为随意项，也叫作约束项或无关项。

由于随意项对函数值没有影响，所以既可以把它写进逻辑表达式，也可以把它从逻辑表达式中去掉，即这些最小项的值是 1 还是 0，是无所谓的。

在真值表和卡诺图中，随意项所对应的函数值通常用"×"表示。在逻辑表达式中，通常用字母 d 来表示随意项，或者用等于 0 的条件等式来表示随意项。

对于卡诺图化简而言，如果圈入随意项可以使圈变大，那么可以把随意项当作 1 圈入，如果圈入随意项后对圈的大小没有影响，则可以把随意项当作 0 来处理。卡诺图化简中"每个圈中至少有 1 个最小项 1 只被圈过一次"这个原则一定要保证，如果一个圈中只有一个随意项没有被重复利用，那么这个也是多余的。

【例 1-17】 十字路口的交通信号灯，设红、绿、黄灯分别用 A、B、C 来表示；灯亮用 1 表示，灯灭用 0 表示；停车时 $Y = 1$，通车时 $Y = 0$。写出此问题的逻辑表达式并用卡诺图化简法化简。

解：

（1）写出逻辑表达式。

交通信号灯在实际工作时，一次只允许一个灯亮，不允许有两个或两个以上的灯同时亮。如果在灯全灭时，允许车辆通行，根据客观事实，则该问题的逻辑关系可以用表 1-13 所示的真值表来描述，其卡诺图如图 1-15 所示。

表 1-13　交通信号灯的真值表

A	B	C	Y
0	0	0	0
0	0	1	1
0	1	0	0
0	1	1	×
1	0	0	1
1	0	1	×
1	1	0	×
1	1	1	×

由真值表可以写出逻辑表达式：

$$\begin{cases} Y = \overline{A}\overline{B}C + A\overline{B}\overline{C} \\ \overline{A}BC + A\overline{B}C + AB\overline{C} + ABC = 0 \text{（约束条件）} \end{cases}$$

逻辑表达式也可以写成：

$$Y = \sum m(1,4) + \sum d(3,5,6,7)$$

（2）化简。

① 首先画出逻辑函数 Y 的卡诺图，如图 1-15 所示。

② 画圈。

（3）合并最小项。

（4）将合并后的乘积项加起来便得到最简与或表达式。

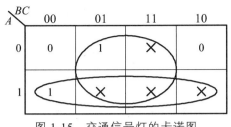

图 1-15　交通信号灯的卡诺图

提取每个圈中最小项的公因子构成乘积项，然后将这些乘积项相加，得到最简与或表达式为

$$Y = A + C$$

显然，利用随意项后化简结果要简单得多，该结果的含义也非常明确，在实际生活中，看到红灯和黄灯亮，就要停车了。

1.2.5　逻辑门电路

用于实现各种基本逻辑关系的电子电路称为门电路，它是数字电路的基本单元。由于在二值逻辑中，逻辑变量的取值 0 和 1 是两种截然不同的逻辑状态，在电路中也需要用两种截然相反的状态来表示，而电路的状态是靠半导体元件的导通与截止来控制和实现的，所以半导体元件称为电子开关。二极管、晶体三极管和场效应管在数字电路中就是构成这种电子开关的基本开关元件。相应地，门电路也称为开关电路。

1. 分立元件门电路

1）二极管与门

一个简单的二极管与门电路如图 1-16 所示。其中 A、B 为输入端，Y 为输出端。

假设二极管为 Si 管，正向结压降为 0.7 V，输入高电平为 3 V，低电平为 0 V。输入 A、B 的高、低电平共有 4 种不同的组合，下面分别讨论。

（1）$V_A = V_B = 0$ V。

在这种情况下，二极管 D_A 和 D_B 都处于正向偏置，D_A 和 D_B 均导通，由于二极管的正向导通压降为 0.7 V，使 V_Y 被钳制在 $V_Y = V_A$（或 V_B）+ 0.7 V = 0.7 V。

（2）$V_A = 0$ V，$V_B = 3$ V。

$V_A = 0$ V，故 D_A 先导通。由于二极管的钳制作用，$V_Y = 0.7$ V。此时 D_B 反向偏置，处于截止状态。

（3）$V_A = 3$ V，$V_B = 0$ V。

显然 D_B 先导通，$V_Y = 0.7$ V。此时 D_A 反向偏置，处于截止状态。

（4）$V_A = V_B = 3$ V。

在这种情况下，D_A 和 D_B 均导通，因二极管钳制作用，$V_Y = V_A$（或 V_B）+ 0.7 V = 3.7 V。

将上述输入与输出电平之间的对应关系列表如表 1-14 所示。

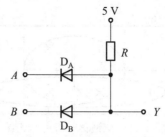

图 1-16 二极管与门电路

如果用高电平 3 V 或 3.7 V 代表逻辑 1,低电平 0 V 或 0.7 V 代表逻辑 0,则可以把表 1-14 中输入与输出电平关系表转换为输入与输出的逻辑表,如表 1-15 所示。这个表即为逻辑与的真值表。

表 1-14 二极管与门输入与输出电平关系

输入/V		输出/V
V_A	V_B	Y
0	0	0.7
0	3	0.7
3	0	0.7
3	3	3.7

表 1-15 逻辑与真值表

输入		输出
A	B	Y
0	0	0
0	1	0
1	0	0
1	1	1

由此可见,输入变量 A、B 与 Y 之间的逻辑关系是逻辑与。因此,图 1-16 所示电路是实现逻辑与运算的与门,其逻辑表达式为 $Y = A \cdot B$。

2)二极管或门

一个简单的二极管或门电路如图 1-17 所示。其中 A、B 为输入端,Y 为输出端。

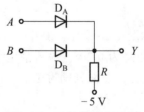

图 1-17 二极管或门电路

(1)$V_A = V_B = 0$ V。

显然,二极管 D_A 和 D_B 都导通。此时,$V_Y = V_A$(或 V_B)$- 0.7$ V $= -0.7$ V。

(2)$V_A = 0$ V,$V_B = 3$ V。

当 $V_B = 3$ V 时,D_B 先导通,因二极管钳制作用,$V_Y = V_B - 0.7$ V $= 2.3$ V。此时,D_A 截止。

(3)$V_A = 3$ V,$V_B = 0$ V。

当 $V_A = 3$ V 时,D_A 先导通,因二极管钳制作用,$V_Y = V_A - 0.7$ V $= 2.3$ V。此时,D_B 截止。

(4)$V_A = V_B = 3$ V。

显然,二极管 D_A 和 D_B 都导通。此时,$V_Y = V_A$(或 V_B)$- 0.7$ V $= 2.3$ V。

如果用高电平 2.3 V 和 3 V 代表逻辑 1,低电平 -0.7 V 和 0 V 代表逻辑 0,那么,根据上述分析结果，可以得到表 1-16 所示的逻辑真值表。通过真值表可看出，只要输入有一个 1，输出就为 1，否则，输出就为 0。

表 1-16   逻辑或真值表

输入		输出
A	B	Y
0	0	0
0	1	1
1	0	1
1	0	1

由此可知，输入变量 A、B 与 Y 之间的逻辑关系是逻辑或。因此，图 1-17 所示电路是实现逻辑或运算的或门，其逻辑表达式为 $Y = A + B$。

3）三极管非门

一个简单的三极管非门电路如图 1-18 所示。其中 A 为输入端，Y 为输出端。

（1）$V_A = 0$ V。

由于 $V_A = 0$ V，-5 V 电压经 R_1 和 R_2 分压后使三极管 T 的基极电平 $V_B < 0$，所以，三极管处于截止状态，输出电压 V_Y 将接近于 V_{CC}，即 $V_Y \approx V_{CC} = 3$ V。

（2）$V_A = 3$ V。

由于 $V_A = 3$ V，三极管 T 发射结正向偏置，T 导通并处于饱和状态（可以设计电路使基极电流大于临界饱和基极电流，在这种情况下，三极管为饱和状态）三极管 T 为饱和状态时，$V_{CE} = 0.3$ V，因此，$V_Y = 0.3$ V。

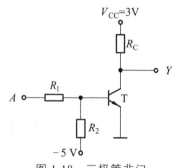

图 1-18   三极管非门

如果将高电平 3 V 代表逻辑 1，低电平 0 V 和 0.3 V 代表逻辑 0，根据上述分析结果，可得到表 1-17 所示的逻辑真值表。通过真值表可以看出，输入为 1 时，输出为 0；输入为 0 时，输出为 1。

表 1-17   逻辑非真值表

输入	输出
A	Y
0	1
1	0

由此可知，输入变量 A 与输出变量 Y 之间的逻辑关系是逻辑非，因此，图 1-18 所示电路是实现逻辑非运算的非门，其逻辑表达式为 $Y = \overline{A}$。

2. 集成门电路

分立元件的门电路体积大、可靠性差，而集成门电路不仅微型化、可靠性高、耗电小，而且运行速度快，便于多级连接。以半导体器件为基本单元，集成在一块 Si 基片上，并具有一定的逻辑功能的电路称为逻辑集成电路。输入端和输出端都采用双极性晶体管的逻辑电路称为晶体管-晶体管逻辑电路，简称为 TTL 集成电路。采用 P 沟道增强型 MOS 管和 N 沟道增强型 MOS 管按照互补对称形式连接起来构成的电路被称为互补型 MOS 集成电路，简称为 CMOS 集成电路。

1）TTL 门电路

下面以 TTL 与非门电路为例介绍其工作原理。

图 1-19 所示为 TTL 与非门的电路图。它由输入级、中间级和输出级 3 部分组成。输入级由多发射极晶体管 T_1、二极管 D_1 和 D_2 构成。多发射极晶体管中的基极和集电极是共用的，发射极是独立的。D_1 和 D_2 为输入端限幅二极管，限制输入负脉冲的幅度，起到保护多发射极晶体管的作用。中间级由 T_2 构成，其集电极和发射极产生相位相反的信号，分别驱动输出级的 T_3 和 T_4。输出级由 T_3、T_4 和 D_3 构成推拉式输出。

假定输入信号高电平为 3.6 V，低电平为 0.3 V。晶体管发射结导通时 $V_{BE} = 0.7$ V，晶体管饱和时 $V_{CE} = 0.3$ V，二极管导通时电压 $V_D = 0.7$ V。这里主要分析 TTL 与非门的逻辑关系，并估算电路有关各点的电平。

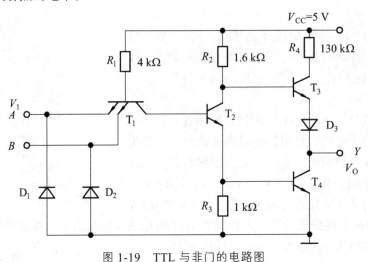

图 1-19 TTL 与非门的电路图

（1）有一个（或两个）输入端为 0.3 V。

假定输入端 A 为 0.3 V，那么 T_1 的 A 发射结导通。T_1 的基极电平 $V_{B1} = V_A + V_{BE1} = 0.3$ V $+ 0.7$ V $= 1.0$ V，此时，V_{B1} 作用于 T_1 的集电结和 T_2、T_4 的发射结上，由于 V_{B1} 过低，不足以使 T_2 和 T_4 导通。因为要使 T_2 和 T_4 导通，至少需要 $V_{B1} = V_{BC1} + V_{BE2} + V_{BE4} = 0.7 \times 3$ V $= 2.1$ V。当 T_2 和 T_4 截止时，电源 V_{CC} 通过电阻 R_2 向 T_3 提供基极电流，使 T_3 和 D_3 导通，其电流流入负载。因为电阻 R_2 上的压降很小，可以忽略不计，输出电平 $V_O = V_{CC} - V_{BE3} - V_{D3} = 5$ V $- 0.7$ V $- 0.7$ V $= 3.6$ V。实现了输入只要有一个低电平时，输出为高电平的逻辑关系。

（2）输入端全为 3.6 V。

当输入端 A、B 都为高电平 3.6 V 时，电源 V_{CC} 通过电阻 R_1 先使 T_2 和 T_4 导通，使 T_1 基极电平 $V_{B1} = V_{BC1} + V_{BE2} + V_{BE4} = 0.7 \times 3$ V $= 2.1$ V，多发射极管 T_1 的两个发射结处于截止状态，而集电结处于正向偏置的导通状态。这时 T_1 处于倒置工作状态，倒置工作状态时晶体管的电流放大倍数近似为 1。因此 $I_{B1} \approx I_{B2}$，只要合理选择 R_1、R_2 和 R_3，就可以使 T_2 和 T_4 处于饱和状态。由此，T_2集电极电平 $V_{C2} = V_{CE2} + V_{BE4} = 0.3\,V + 0.7\,V = 1.0\,V$。当 $V_{C2} = 1.0\,V$ 时，不足以使 T_3 和 D_3 导通，故 T_3 和 D_3 截止。因此 T_4 处于饱和状态，故 $V_{CE4} = 0.3\,V$，也即 $V_O = 0.3\,V$。实现了输入全为高电平时，输出为低电平的逻辑关系。

通过上述分析可知，当输入有一个或两个低电平（0.3 V）时，输出为高电平（3.6 V）；当输入全为高电平（3.6 V）时，输出为低电平（0.3 V），输入变量 A、B 与输出变量 Y 之间的逻辑关系是逻辑与非，因此，图 1-19 所示电路是实现逻辑与非运算的与非门，其逻辑表达式为 $Y = \overline{A \cdot B}$。

2）CMOS 门电路

下面以 CMOS 非门电路为例介绍其工作原理。

图 1-20 所示为 CMOS 非门的电路图，是 CMOS 电路的基本单元。它由一个 P 沟道增强型 MOS 管 T_1 和一个 N 沟道增强型 MOS 管 T_2 构成，两管漏极相连作为输出端 Y，两 MOS 管栅极相连作为输入端 A。T_1 源极接正电源 V_{DD}，T_2 源极接地，V_{DD} 大于 T_1 和 T_2 开启电压绝对值之和。

（1）输入端 $V_A = 0$（低电平）。

T_1 管的栅源极电压 $V_{GS1} = -V_{DD}$，所以 T_1 导通，输出与 V_{DD} 相连；而 $V_{GS2} = 0\,V$，T_2 截止，输出与地断开。所以输出电平 $V_Y = V_{DD}$（高电平）。

（2）输入端 $V_A = V_{DD}$（高电平）。

T_1 管的栅源极电压 $V_{GS1} = 0\,V$，所以 T_1 截止，输出与 V_{DD} 断开；而 $V_{GS2} = V_{DD}$，T_2 导通，输出与地相连。所以输出电平 $V_Y = 0\,V$（低电平）。

通过上述分析可知，当输入为低电平（0 V）时，输出为高电平（V_{DD}）；当输入为高电平（V_{DD}）时，输出为

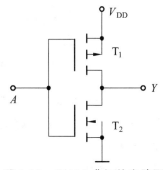

图 1-20　CMOS 非门的电路图

低电平（0 V），输入变量 A 与输出变量 Y 之间的逻辑关系是逻辑非，因此，图 1-20 所示电路是实现逻辑非运算的非门，其逻辑表达式为 $Y = \overline{A}$。

1.2.6　技能实训

1. 集成门电路的逻辑功能

1）实训目的

（1）掌握基本集成门电路的逻辑功能及测试方法。

（2）熟悉仿真软件 Multisim12 的使用。

2）实训器材（见表 1-18）

表 1-18　实训器材

实训器材	计算机	Multisim12	其他
数量	1 台	1 套	—

3）实训原理及操作

（1）测试与非门集成电路 74LS00 的逻辑功能。

① 查阅集成电路 74LS00 管脚图及其逻辑功能的相关资料。

② 按照图 1-21 所示电路图连线，灯泡作为输出指示，同时采用虚拟万用表 XMM1 作为电平数值的测定。

③ 自行设计真值表并将测试结果填入。

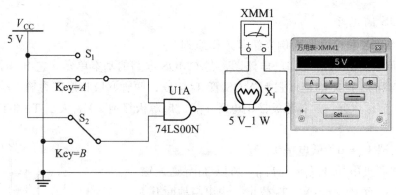

图 1-21　仿真测试 74LS00 的接线图

（2）测试与非门集成电路 74LS20 的逻辑功能。

① 按照图 1-22 所示电路图连线，灯泡作为输出指示，同时用虚拟万用表 XMM1 作为电平数值的测定。

② 自行设计真值表并将测试结果填入。

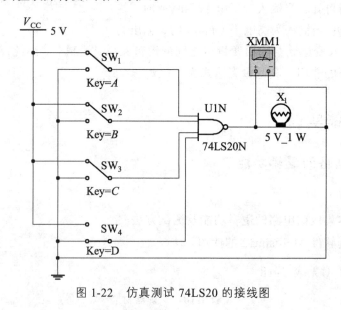

图 1-22　仿真测试 74LS20 的接线图

4）注意事项

（1）应熟悉 Multisim12 仿真软件的基本操作。

（2）Multisim12仿真软件的使用重在仿真测试，相当于在计算机上进行电路的实验，所以学会测量相关参数很重要。

2. 逻辑函数的化简

1）实训目的

（1）进一步熟悉仿真软件Multisim12的使用。

（2）掌握用仿真软件Multisim12进行逻辑函数化简的方法。

2）实训器材（见表1-19）

表 1-19　实训器材

实训器材	计算机	Multisim12	其他
数 量	1 台	1 套	—

3）实训原理及操作

（1）运行仿真软件Multisim12，进入操作界面，并在虚拟仪器栏调出逻辑变换器，如图1-23所示。

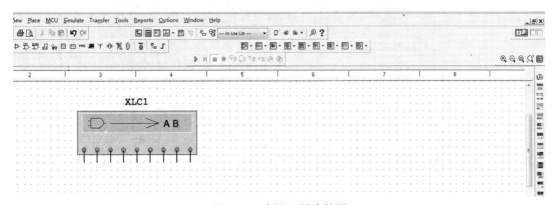

图 1-23　虚拟逻辑变换器

（2）打开虚拟逻辑变换器操作界面，如图1-24所示。

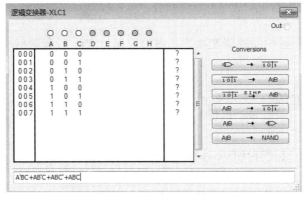

图 1-24　虚拟逻辑变换器操作界面

（3）将逻辑函数的逻辑表达式 $Y(A,B,C) = \overline{A}BC + A\overline{B}C + AB\overline{C} + ABC$ 输入虚拟逻辑变换器的显示栏中，如图 1-25 所示。需要注意的是，逻辑函数的"非"运算在该软件中用"'"代表。

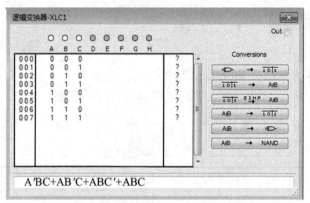

图 1-25　逻辑函数的输入

（4）单击操作栏中的第 4 行按钮，显示出逻辑函数的真值表；再点击操作栏中的第 3 行按钮，将逻辑函数简化结果在显示栏中显示出来，如图 1-26 所示。

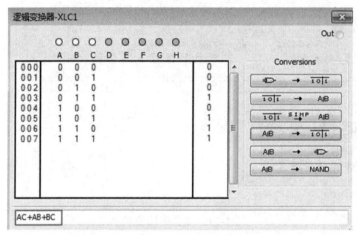

图 1-26　逻辑函数的简化

简化后的逻辑函数为 $Y(A,B,C) = AC + AB + BC$ 。

4）注意事项

Multisim12 仿真软件中的逻辑变换器是虚拟仪器，实际工作中并没有该仪器。

1.3　项目实施

1.3.1　构思（Conceive）——设计方案

娱乐晋级比赛或投票系统中，事件通过与否由评委裁定，本项目就是为了模拟这种实际应用情况而设计的。假设 3 人表决器中评委共 3 位，每位评委都有 1 个票权。3 个评委各控制 A、B、C 3 个按键中的一个，本着多数票有效的原则表决事件。按下按键表示同意；否则为不同意。当评委组认为事件通过时，指示灯亮；否则指示灯灭。

3 人表决器设计的流程图如图 1-27 所示。

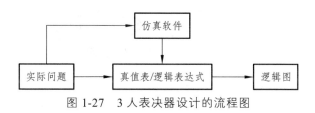

图 1-27 3 人表决器设计的流程图

本项目在设计过程中有多种方案，其原因在于逻辑表达式形式的不同。本项目的逻辑表达式有两种常用形式，即与非式、与或式。两者门电路的数量相同，但是门的类型却不同，与非式的门类型只有一种——与非门，而与或式的门类型有两种——与门和或门，因此本项目的设计方案选择与非式逻辑表达式。

1.3.2 设计（Design）——设计与仿真

1. 电路设计

1）分析实际问题的要求，列真值表

3 位评委分别用 A、B、C 3 个逻辑变量表示，如果评委同意，相应逻辑变量取值为 1，否则为 0。最终表决结果用逻辑变量 Y 表示，取值为 1 表示事件通过；取值为 0 表示事件未通过，其逻辑功能和真值表如表 1-20 所示。

表 1-20 3 人表决器的逻辑功能和真值表

3 人表决器的逻辑功能

评委 1	评委 2	评委 3	表决结果
不同意	不同意	不同意	未通过
不同意	不同意	同意	未通过
不同意	同意	不同意	未通过
不同意	同意	同意	通过
同意	不同意	不同意	未通过
同意	不同意	同意	通过
同意	同意	不同意	通过
同意	同意	同意	通过

3 人表决器的真值表

A	B	C	Y
0	0	0	0
0	0	1	0
0	1	0	0
0	1	1	1
1	0	0	0
1	0	1	1
1	1	0	1
1	1	1	1

2）写出逻辑表达式并化简

（1）逻辑表达式。

由真值表写出逻辑表达式为 $Y = \overline{A}BC + A\overline{B}C + AB\overline{C} + ABC$

（2）卡诺图化简。

① 首先画出逻辑函数 Y 的卡诺图，如图 1-28 所示。

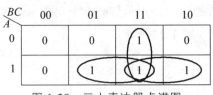

图 1-28　三人表决器卡诺图

② 画圈，如图 1-28 所示。

③ 合并最小项。

提取每个圈中最小项的公因子构成乘积项，然后将这些乘积项相加，得到最简与或表达式为

$$Y = AB + BC + AC$$

利用摩根定律，得到与非式表达式为

$$Y = \overline{\overline{AB + BC + AC}} = \overline{\overline{AB} \cdot \overline{BC} \cdot \overline{AC}}$$

3）画逻辑电路图（见图 1-29）

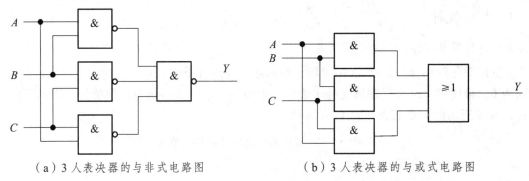

（a）3 人表决器的与非式电路图　　　　　（b）3 人表决器的与或式电路图

图 1-29　3 人表决器的电路图

4）选择芯片并连线

查看集成逻辑门电路清单，确定选用的芯片型号。

如前所述，我们可以将逻辑表达式 $Y = AB + BC + AC$ 转换成 $Y = \overline{\overline{AB} \cdot \overline{BC} \cdot \overline{AC}}$。比较这两个逻辑表达式，$Y = AB + BC + AC$ 需要三个 2 输入与门和一个 3 输入或门，$Y = \overline{\overline{AB} \cdot \overline{BC} \cdot \overline{AC}}$ 需要三个 2 输入与非门和一个 3 输入与非门，可见两个逻辑表达式需要的门电路数量是相同的，但是 $Y = \overline{\overline{AB} \cdot \overline{BC} \cdot \overline{AC}}$ 只需要一种逻辑门，而 $Y = AB + BC + AC$ 需要两种逻辑门，所以 $Y = \overline{\overline{AB} \cdot \overline{BC} \cdot \overline{AC}}$ 更优越于 $Y = AB + BC + AC$。

根据上面的分析，我们设计的 3 人表决器选择逻辑表达式为 $Y = \overline{\overline{AB} \cdot \overline{BC} \cdot \overline{AC}}$，此逻辑表达式需要 4 个 2 输入与非门和一个 3 输入与非门，所以我们选择集成芯片为 4 个 2 输入的 74LS00 与非门和 2 个 4 输入的与非门 74LS20。

74LS00 和 74LS20 的引脚及内部电路图如图 1-30 所示。

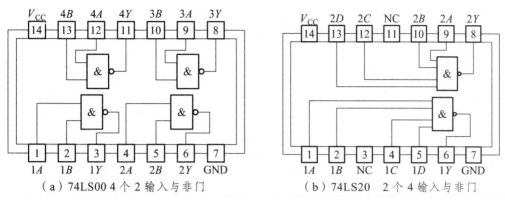

（a）74LS00 4 个 2 输入与非门　　　　　（b）74LS20 2 个 4 输入与非门

图 1-30　74LS00 和 74LS20 引脚图及内部电路图

2. 电路仿真

3 人表决器的电路仿真图如图 1-31 所示。

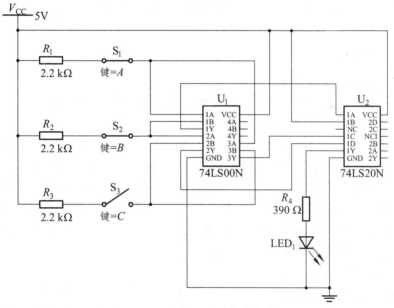

图 1-31　三人表决器的电路仿真图

1.3.3 实现（Implement）——组装与调试

1. 制作工具与仪器设备

（1）电路焊接工具：电烙铁（20～35 W）、烙铁架、焊锡丝、松香。

（2）工具：剥线钳、平口钳、螺丝刀、镊子。

（3）测试仪器仪表：万用表、示波器。

2. 元件清单（见表 1-21）

表 1-21　3 人表决器元件清单

序号	数量	元件代号	名称	型号	功能
1	3	S_1、S_2、S_3	开关按钮	5 V	电路的通或断
2	3	R_1、R_2、R_3	电阻	2.2 kΩ	限流分压
3	1	R_4	电阻	390 Ω	限流
4	1	U_1	74LS00	SN74LS00N	2 输入与非运算
5	1	U_2	74LS20	SN74L200N	4 输入与非运算
6	1	LED_1	发光二极管		指示输出

3. 元件的检测

1）开关按钮的检测

将万用表调到欧姆档"R×10K"，万用表的表笔接在开关按钮的两端，若万用表显示电阻为无穷大，则按下开关按钮，若万用表显示电阻为 0，说明该开关按钮通断正常；否则，该开关是坏的。

2）发光二极管的检测

（1）发光二极管型号的识别。

观察发光二极管外形，根据其型号查阅确定发光二极管的名称、符号与用途。

（2）发光二极管正负极的识别。

识别 LED 发光二极管的正负极可以选用"二极管"档的数字式万用表。此档位的工作电压为 2 V，可以保证 LED 发光二极管 PN 结在施加此电压后能够正向导通、反向截止。此方法是将数字式万用表的黑表笔接到 LED 发光二极管一端，红表笔接到 LED 发光二极管的另一端。如果万用表上没有数字且 LED 灯不发光，则将红表笔和黑表笔交换接到发光二极管的两端。如果万用表上测量的数字为 0.1 ~ 0.7 V，而且 LED 灯发光，说明黑表笔接的是发光二极管的负极，红表笔接的是正极。

（3）发光二极管好坏的检测。

发光二极管是会发光的二极管，其最明显的性质就是它的单向导电特性，即电流只能从正极流向负极。我们用万用表测量常见发光二极管时，红表笔接发光二极管的正极，黑表笔接发光二极管的负极。如果万用表上测量的数字为 0.1 ~ 0.7 V，而且 LED 灯发光，说明该 LED 发光二极管的质量和性能都良好，可以使用。如果万用表上没有数字，而且 LED 灯亮度很低，甚至不发光，则说明 LED 发光二极管的性能不良或已损坏，必须更换。

3）集成电路的检测

（1）集成电路的识别。

集成电路的正面标明了集成电路的型号。一个确定型号的集成电路在使用前，必须对其作用、引脚排列及功能、各种电气性能参数等做全面了解，了解的途径可以通过查阅相关集成电路手册或浏览相关网站网页等获得。尽管集成电路种类繁多，功能各异，但其引脚的排列遵循一定的规律，相关知识请参考1.5节中"数字集成电路"部分的内容。

（2）集成电路的检测。

集成电路总有一个引脚与PCB板上的"地"是连通的，在电路中称之为接地脚。由于集成电路内部都采用直接耦合，其他引脚与接地脚之间存在确定的直流电阻，这种确定的直流电阻称为该引脚内部等效直流电阻。我们可以通过用万用表测量各引脚的内部等效直流电阻来判断其好坏。具体检测方法：将万用表的档位调成"R×1k"档，然后将黑表笔接集成电路的接地脚，红表笔接所测引脚，测量的阻值为正向电阻。接着将红黑笔对调，再次测量，所测电阻为反向电阻。若测量的正、反向电阻阻值与标准阻值基本相符，说明集成电路是好的；反之，若测量的正、反向电阻阻值与标准值相差较大，说明集成电路是坏的。

4. 焊　接

电路焊接过程中，一定要注意集成IC芯片的引脚与底座接触良好，引脚不能弯曲或折断。LED灯的正负极不能接反。

1）焊接的注意事项

焊接的一般顺序是：先小后大、先轻后重、先里后外、先低后高、先普通后特殊。即先焊分立元件，后焊集成块，对外连线要最后焊接。

（1）电烙铁：一般应选内热式20～35 W恒温230 ℃的烙铁，但温度不要超过300 ℃的为宜。接地线应保证接触良好。

（2）焊接时间：在保证湿润的前提下尽可能短，一般不超过5 s，最佳时间为3 s。

（3）耐热性差的元器件应使用工具辅助散热。如微型开关、CMOS集成电路、瓷片电容、发光二极管、中周等元器件，焊接前一定要处理好焊点，施焊时注意控制加热时间，焊接一定要快，还要适当采用辅助散热措施，以避免过热失效。

（4）元器件的引线没有被氧化时可以直接焊接，不需要对其做处理。

（5）焊接时不要用烙铁头摩擦焊盘。

（6）集成电路若不使用插座，而是直接焊到印制板上，其安全焊接顺序为：地端→输出端→电源端→输入端。

（7）焊接时应防止邻近元器件、印制板等受到过热影响，对热敏元器件要采取必要的散热措施。

（8）焊接时绝缘材料不允许出现烫伤、烧焦、变形、裂痕等现象。

（9）在焊料冷却和凝固前，被焊部位必须可靠固定，可采用散热措施以加快冷却。

（10）焊接完毕，必须及时对板面进行彻底清洗，清除残留的焊剂、油污和灰尘等脏物。

2）焊接工艺要求

（1）焊点大小适中，无漏、假、虚、连焊，焊点光滑、圆润、干净，无毛刺出现。

（2）修脚长度适当，一致，美观。

（3）元器件安装牢固，排列整齐。

（4）导线、元器件安装横平竖直，无乱线敷设。

（5）引脚加工尺寸及成形应符合装配工艺要求。

（6）元器件高度及字符方向应符合工艺要求。

5. 组装调试

（1）准备好万能板或 PCB 板、连接线和所有元器件。

（2）布局合理，正确连接电路。

（3）调试电路。

1.3.4 运行（Operate）——测试与分析

1. 断电测试与分析

（1）焊接完成后，需要检查各个焊点的质量，有无虚焊、漏焊情况。

（2）对照原理图，审查各个元器件是否与原理图相对应。

（3）检查电源正负极是否有短路。

（4）测试各点连接情况：根据原理图从信号输入到信号输出，用万用表检查各个焊点是否导通（焊接是否完成，有无虚焊现象）。

（5）最后检查元器件有无倾斜情况。

2. 上电测试与分析

在上电之前，用万用表测试输出端的电压是否正确，上电后注意观察各元件是否有发热、冒烟等情况（如有应及时断电仔细检查），若一切正常，方可测试输出 LED 灯的发光情况。

（1）列出 3 人表决器的真值表。

3 人表决器的真值表如表 1-22 所示。

表 1-22 3 人表决器的真值表

输　　入			输　　出
A	B	C	Y
0	0	0	
0	0	1	
0	1	0	
0	1	1	
1	0	0	
1	0	1	
1	1	0	
1	1	1	

（2）依照表 1-22 的顺序，分别把 A、B、C 3 个开关按钮连接为通或断（接通表示 1，断

开表示 0），观察 LED 灯的亮灭情况，如果 LED 灯亮，说明事件通过，用 1 表示，否则事件不通过，用 0 表示。

（3）对照表 1-22 和表 1-20，如果结果完全一样，说明电路制作成功。

1.4 项目总结与评价

1.4.1 项目总结

（1）常用的数制（十进制、二进制、八进制和十六进制）及不同进制之间的相互转换。

（2）常用的几种编码方法（二-十进制 BCD 码、格雷码和 ASCII 码等）。

（3）常用逻辑关系（与、或、非、与非、或非、与或非、同或、异或等）的真值表、逻辑表达式、逻辑图、卡诺图及逻辑运算规律。

（4）逻辑代数的基本公式（表 1-9）、基本定律（交换律、结合律、分配率、吸收率、反演律）和基本规则（代入规则、反演规则、对偶规则）。

（5）逻辑函数的表示方法及其相互转换。

（6）逻辑函数的公式化简法、卡诺图化简法及其仿真分析。

（7）3 人表决器的设计与项目实施（CDIO 4 个环节）。

1.4.2 项目评价

1. 评价内容

（1）演示的结果。

（2）性能指标。

（3）是否文明操作、遵守企业及实训室管理规定。

（4）项目设计实现过程中是否有独到的方法或见解。

（5）是否能与组员（同学）团结协作。

2. 评价要求

（1）评价要客观公正。

（2）评价要全面细致。

（3）评价要认真负责。

3. 项目评价表

本项目评价表如表 1-23 所示。

表 1-23　项目评价表

评价要素	评价标准	评价依据	评价方式			权重
			个人	小组	教师	
职业素质	（1）能文明操作、遵守企业、实训室管理规定； （2）能与其他组员团结协作； （3）能按时并积极主动完成学习和工作任务； （4）能遵守纪律，服从管理	（1）工具的摆放规范； （2）仪器仪表的使用规范； （3）工作台的整理； （4）工作任务页的填写规范； （5）平时表现； （6）学生制作的作品	0.3	0.3	0.4	0.3
专业能力	（1）能够按照流程规范作业； （2）能够充分理解3人表决器的电路组成及工作原理； （3）能够完成电路的CDIO 4个环节； （4）能选择合适的仪器仪表进行调试； （5）能够对CDIO 4个环节的工作进行评价与总结	（1）操作规范； （2）专业理论知识,包括习题、项目技术总结报告、演示、答辩； （3）专业技能,包括仿真分析、完成的作品和制作调试报告	0.1	0.2	0.7	0.6
创新能力	（1）在项目分析中提出自己的见解； （2）对项目教学提出建议或意见，具有创新性； （3）自己完成测试方案制定，设计合理	（1）提出创新的观念； （2）提出的意见和建议被认可； （3）好的方法被采用； （4）在所写项目报告中有独特的见解	0.2	0.2	0.6	0.1

1.5　扩展知识

1.5.1　集成电路的介绍

能实现基本和常用逻辑运算的电子电路称为门电路。在二值逻辑中，需要用到两种截然相反的状态，而电路的状态是靠半导体器件的导通和截止来控制和实现的，所以半导体器件称为电子开关。相应地，门电路又称为开关电路。

在集成技术迅速发展和广泛应用的今天，由半导体器件组成的分立元器件门电路已经很少有人使用，但不管功能多么强大、结构多么复杂的集成门电路，都是由分立元器件门电路为基础，经过改造演变而来的。本节重点介绍数字集成电路。

1. TTL 与 CMOS 集成电路

在数字电路中，应用最为广泛的是双极性的 TTL 集成电路和单极性的 CMOS 集成电路。TTL 是英文"Transistor Transistor Logic"的缩写，意为"晶体管-晶体管逻辑电路"。当逻辑电路的输入级和输出级都采用晶体三极管时，就称为 TTL 逻辑电路。

CMOS 集成电路最基本的逻辑单元是 P 沟道增强型 MOS 管和 N 沟道增强型 MOS 管，

它们按照互补对称的形式连接而成。这种电路具有电压控制、功耗极小、连接方便等一系列优点，是目前应用最广泛的集成电路之一。常用的数字集成电路分类及特点如表 1-24 所示。

表 1-24　常用数字集成电路分类及特点

类别	系列	应用	特点
双极性集成电路，如 TTL、ECL	74 系列	早期的产品，现正逐渐被淘汰	（1）不同系列同型号器件管脚排列完全兼容；（2）参数稳定，使用可靠；（3）噪声容限高达数百 mV；（4）采用 + 5V 供电
	74H 系列	74 系列的改进型，但是电路的静态功耗较大，目前该产品系列使用较少，正逐渐被淘汰	
	74S 系列	TTL 的高速型肖特基二极管，速度较高，但品种较少	
	74AS 系列	74S 系列的后继产品，尤其在速度方面有显著的提高	
	74LS 系列	TTL 类型中的主要产品系列，品种和生产厂都非常多。其性价比较高，目前在中小规模电路中应用广泛	
	74ALS 系列	先进的低功耗肖特基系列，属于 74LS 系列的后继产品，在速度、功耗方面有较大的改进，但价格较高	
单极性集成电路，如 CMOS	4000B/4500B 系列	其最大特点是工作电压范围宽（3～18V）、功耗小、速度较低、品种多、价格低廉，是目前 CMOS 集成电路的主要应用产品	（1）具有非常低的静态功耗；（2）宽的电源电压范围
	54/74HC 系列	高速标准 CMOS 系列，具有与 74LS 系列同等的工作速度和 CMOS 固有的低功耗及电源电压范围宽等优点	
	54/74AC 系列	先进的 CMOS 集成电路，具有与 74AS 同等的工作速度和 CMOS 固有的低功耗及电源电压范围宽等优点	

2. 数字集成电路的命名方法

1）国内集成电路的型号命名方法

我国集成电路的型号是按照国家标准（国标）的规定命名的，《半导体集成电路型号命名方法》（GB 3430—1989）规定了我国集成电路各个品种和系列的命名方法。集成电路国标命名方法如表 1-25 所示。

表 1-25　集成电路国标命名方法

第一部分		第二部分		第三部分		第四部分		第五部分	
用字母表示器件符合国家标准		用字母表示器件的类型		用阿拉伯数字表示器件的系列和品种代号		用字母表示器件的工作温度范围		用字母表示器件的封装类型	
符号	意义	符号	意义	符号	意义	符号	意义	符号	意义
C	中国制造	T	TTL 电路	TTL 器件 CMOS 器件（相关符号和意义见表 1-24）		C	0 ～ 70 ℃	F	多层陶瓷扁平
		H	HTL 电路			G	− 20 ～ 70 ℃	B	塑料扁平
		E	ECL 电路			L	− 25 ～ 85 ℃	H	黑瓷扁平
		C	CMOS 电路			E	− 40 ～ 85 ℃	D	多层陶瓷双列直插
		M	存储器			R	− 55 ～ 85 ℃	J	黑瓷双列直插

第一部分		第二部分		第三部分		第四部分		第五部分	
用字母表示器件符合国家标准		用字母表示器件的类型		用阿拉伯数字表示器件的系列和品种代号		用字母表示器件的工作温度范围		用字母表示器件的封装类型	
符号	意义	符号	意义	符号	意义	符号	意义	符号	意义
C	中国制造	μ	微机电路	TTL 器件 CMOS 器件 （相关符号和意义见表1-24）		M	$-40 \sim$ 125 ℃	P	塑料双列直插
		F	线性放大电路					S	塑料单列直插
		W	稳压器					T	金属圆壳
		D	音响电视电路					K	金属菱形
		B	非线性电路					PLCC	塑料芯片载体
		J	接口电路					LCC	陶瓷芯片载体
		AD	A/D 电路					G	网络针栅阵列
		DA	D/A 电路					SOIC	小引线封装
		SC	通信专用电路						
		SS	敏感电路						
		SW	钟表电路						
		SJ	机电仪表电路			—		—	
		SF	复印件电路						

2）国外集成电路的型号命名方法

目前，电子市场上除国产的集成电路外，还有世界各大半导体器件公司生产的大量产品。虽然集成电路的命名国际上还没有一个统一的标准，但各制造公司对集成电路的命名存在一定的规律。表1-26 列出了国外一些有影响的公司的名称、产品型号、前缀字母及其网站。

表1-26 国外集成电路型号前缀字母与生产公司对照一览表

型号前缀	对应生产厂商	互联网网址
HA、HD、HM、HZ	日本日立公司	http：//www.hitachi.com.cn
ITTJU	德国 ITT 半导体公司	http：//www.ittcannon.com
KA、KB、KDA、KM、KS	韩国三星电子公司	http：//www.sec.samsung.com
L、LA、LB、LC	日本三洋电机有限公司	http：//www.sanyo.com
HEF、LF	荷兰飞利浦公司	http：//www.semiconductors.philips.com
LC	美国通用仪器公司	http：//www.geindustrial.com
AC、SN	美国得克萨斯仪器公司	http：//www.ti.com

需要说明的是，由于集成电路的生产厂家众多，且命名方法各异，即使采用同一前缀名的集成电路，也有不同的生产厂家。使用者在选择具体集成电路的时候，要查阅相应的集成

电路手册，或到相关的网站查询。图 1-32 所示为数字集成电路型号举例。

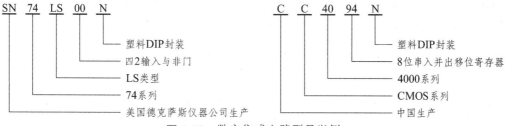

图 1-32 数字集成电路型号举例

3. 集成电路的使用常识

1）常见数字集成电路的封装

集成电路（integrated circuit）是一种微型电子器件或部件，它采用一定的生产工艺，把一个电路中所需的晶体管、电阻、电容和电感等元件及布线互连在一起，制作在一小块或几小块半导体晶片或介质基片上，然后封装在一个管壳内，成为具有所需电路功能的微型结构。

集成电路的外形大小、形状和外部连接线的引出方式、尺寸标准称为集成电路的封装。为满足不同的应用场合，同一型号的集成电路一般都有不同形式的封装，在使用集成电路前一定要查明集成电路的封装，特别是在设计 PCB 板时，初学者通常会发生 PCB 板制作完成后，在组装器件时因封装不对而造成 PCB 板报废的情况。

随着集成电路安装工艺的发展，封装技术也在不断发展。目前集成电路的封装规格高达数百种，图 1-33 所示为目前数字集成电路常见的几种封装形式。

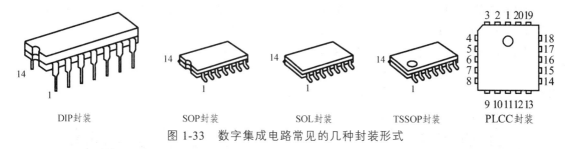

图 1-33 数字集成电路常见的几种封装形式

2）数字集成电路引脚的识别

数字集成电路的引脚一般都在十几或几十个以上，如何识别引脚的编号对正确使用集成电路是至关重要的。

1）两边封装的电路引脚识别

如图 1-33 所示的 DIP 封装、SOP 封装等两边封装的集成电路器件，顶面的一边有一个缺口，一般文字在左侧。面对集成电路顶面，缺口朝左，其左下角的第一个引脚为 1 号脚，从 1 号脚开始按逆时针顺序排列引脚编号。

如图 1-33 所示的 SOL 封装、TSSOP 封装等两边封装的集成电路器件，由于体积较小，封装上并无缺口，这一类器件就只能以文字方向辨别。文字正面朝上，则左下角的第一个引脚为 1 号脚，从 1 号脚开始按逆时针顺序排列引脚编号。

2）四边封装电路引脚识别

如图 1-33 所示的 PLCC 封装的集成电路器件，其 4 个角中有一个角有缺角，用于定位。这类器件在第一引脚处有一个标记，然后沿逆时针方向顺序编号。

3）数字集成电路技术参数的获得途径

（1）数字集成电路数据手册。

目前，市面上各种各样的数字集成电路数据手册十分丰富，既有按某一类数字集成电路收集的综合性手册，也有各生产厂家提供的产品手册等。

（2）互联网。

在互联网上查找集成电路的资料十分方便，具体方法有：

① 互联网上有许多关于电子技术和集成电路的网站，这些网站一般都提供了集成电路的技术资料、供货情况甚至参考价格等信息，如 http：//www.epc.com.cn/、http：//www.21ic.com/等。

② 在集成电路生产厂家的网站上查找。

互联网上提供集成电路技术参数资料的网站上，一般都提供有国内外集成电路生产厂商的网址，这些生产厂家的网站上都会提供该公司产品的详细技术参数资料。

1.5.2　74LS00 和 74LS20 芯片介绍

1. 74LS00 芯片介绍

1）引脚图及其识别方法

74LS00 的引脚图如图 1-34（a）所示，它是由 4 个 2 输入与非门组成的。其中，符号 $1A \sim 4A$、$1B \sim 4B$ 为输入端，$1Y \sim 4Y$ 为输出端。74LS00 实物图如图 1-34（b）所示。

在这个项目中，我们选用的 74LS00 集成电路采用双列直插式 DIP 封装形式，所以其引脚识别方法为：面对集成电路顶面，缺口朝左，其左下角的第一个引脚为 1 号脚，从 1 号脚开始逆时针顺序，依次为 2、3、4、…、14 脚。

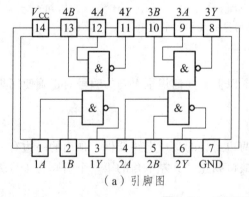

（a）引脚图

（b）实物图

图 1-34　74LS00 引脚图和实物图

2）74LS00 的逻辑功能

74LS00 实现的逻辑功能是与非运算，其逻辑表达式为 $Y = \overline{AB}$，逻辑功能真值表如表 1-27 所示。

表 1-27　74LS00 逻辑功能真值表

A	B	Y
0	0	1
0	1	1
1	0	1
1	1	0

2. 74LS20 芯片介绍

1）引脚图及其识别方法

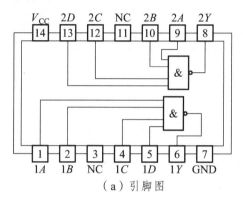
（a）引脚图

（b）实物图

图 1-35　74LS20 引脚图和实物图

74LS20 的引脚图如图 1-35（a）所示，它是由 2 个 4 输入与非门组成的。其中，符号 $1A \sim 2A$、$1B \sim 2B$、$1C \sim 2C$、$1D \sim 2D$ 为输入端，$1Y \sim 2Y$ 为输出端。74LS20 实物图如图 1-3（b）所示。

74LS20 和 74LS00 的封装形式均为双列直插式 DIP 封装，所以其引脚识别方法相同。

2）74LS00 的逻辑功能

74LS20 实现的逻辑功能是与非运算，其逻辑表达式为 $Y = \overline{ABCD}$，逻辑功能真值表如表 1-28 所示。

表 1-28　74LS20 逻辑功能真值表

A	B	C	D	Y
0	0	0	0	1
0	0	0	1	1
0	0	1	0	1
0	0	1	1	1
0	1	0	0	1
0	1	0	1	1
0	1	1	0	1

续表

A	B	C	D	Y
0	1	1	1	1
1	0	0	0	1
1	0	0	1	1
1	0	1	0	1
1	0	1	1	1
1	1	0	0	1
1	1	0	1	1
1	1	1	0	1
1	1	1	1	0

思考与练习

1. 填空题

（1）所谓数字信号是指可以用两种逻辑电平_____和_____来描述的信号。

（2）逻辑代数又称为_____代数。基本逻辑关系有_____、_____和_____。

（3）任何逻辑函数都可以用_____、_____、_____和_____来表示。

（4）在数字电路中，应用最广泛的是_____集成门电路和_____集成门电路。

（5）在实践中，最常用的逻辑函数化简方法是_____法，它比较适用于_____变量以下的逻辑函数化简。

（6）数字电路按照逻辑功能和电路结构的不同可以分为_____和_____两大类。

（7）BCD码有多种编码形式，常用的有_____、_____、_____和_____，其中又以_____最常用。

（8）在开关电路中，三极管通常工作在_____区和_____区。

（9）7个变量可构成_____个最小项。8个变量可构成_____个最小项。

（10）$A \cdot A + A \cdot A =$ _____，$A \cdot (A + A) \cdot A =$ _____。

（11）如果 $F = \overline{\overline{A \cdot B}} = 0$，则 $A =$ _____，$B =$ _____。

（12）当 4 变量逻辑函数的一个最小项 $A\overline{B}C\overline{D}$ 的值为 1 时，则变量 $ABCD$ 的取值是_____。

2. 简答题

（1）74LS00 和 74LS20 具有什么逻辑功能？

（2）十进制数如何转换为八进制数和十六进制数？

（3）n 位二进制数的最大值相当于十进制数的多少？

（4）在一次运动会中有 400 名选手参加比赛，若分别用二进制、八进制和十六进制进制编码，则各需要几位数？

3．计算题

（1）将下列逻辑函数转换成最小项表达式。

① $Y(A,B,C) = AB + AC + BC$

② $Y(A,B,C,D) = ABD + CD + \overline{AB}C$

（2）列出逻辑函数 $Y = AB + BC + \overline{AB}C$ 的真值表。

（3）用公式法化简下列逻辑函数。

① $Y = \overline{A} + \overline{B} + \overline{C} + ABC$

② $Y = AB + BC + \overline{\overline{AB}C}$

（4）用卡诺图法化简：

① $Y = \overline{A} + \overline{B} + \overline{C} + ABC$

② $Y = \overline{A}BC + \overline{AB} + \overline{C}D + AD$

③ $Y(A,B,C,D) = \sum m(0,1,8,10,12)$

④ $Y(A,B,C,D) = \sum m(0,1,2,5,8,9,10,12)$

（5）用卡诺图法化简下列逻辑函数。

① $Y(A,B,C,D) = \sum m(1,5,8,9,13,14) + \sum d(7,10,11,15)$

② $Y(A,B,C,D) = \sum m(0,2,3,4) + \sum d(7,8,10,14)$

③ $F(A,B,C,D) = \sum m(2,6,10,12,14) + \sum d(0,4,7,8)$

（6）将下列各数转换成十进制数。

$(101.01)_2$　　　$(101.01)_8$　　　$(101.01)_{16}$

（7）将十进制数"1234.175"转换成二进制、八进制、十六进制和 8421BCD 码。

项目 2 数码显示电路的设计与实现

2.1 项目内容

2.1.1 项目简介

在数字系统中信号都是以二进制数形式表示，并以各种编码的形态传递或保存。但是人们习惯于十进制数，那么怎样才能把数字系统中的各种数码直观地以十进制数形式显示出来呢？这个任务可以由数码显示电路来完成。数码显示电路的实现有多种途径，其基本思路就是将数字信号进行译码，使译码结果驱动七段数码显示管，显示出与输入相对应的十进制数或字符。

数码显示电路的学习成为数字电子技术学习中的一个重要环节。通过本项目的训练，同学们能够掌握组合逻辑电路的分析与设计，包括编码器、译码器、数据选择器和数据分配器等，并在此基础上完成本项目电路的 CDIO 4 个环节，为此类项目的设计与实现打下坚固的理论基础。

2.1.2 项目目标

项目目标如表 2-1 所示。

表 2-1 项目 2 的项目目标表

序号	类别	目标
1	知识目标	（1）掌握组合逻辑的分析与设计方法； （2）熟悉编码器、译码器的工作原理； （3）掌握编码器、译码器的使用方法； （4）掌握显示器件的检测方法； （5）熟悉数据选择器的工作原理及使用方法
2	技能目标	（1）能采用译码器、数据选择器等中规模集成电路设计组合逻辑函数； （2）能正确识别和检测数码显示器件； （3）能制作数码显示电路并测试其性能； （4）能完成数码显示电路的 CDIO 四个环节
3	素养目标	（1）学生的自主学习能力、沟通能力及团队协作精神； （2）良好的职业道德； （3）质量、安全、环保意识

2.2　必备知识

2.2.1　组合逻辑电路的分析与设计

1. 组合逻辑电路概述

1）组合逻辑电路的特点

数字电路按照逻辑功能和电路结构的不同可划分为组合逻辑电路和时序逻辑电路两大类。组合逻辑电路是指在任何时刻，其输出状态只取决于同一时刻各输入状态的组合，而与电路先前状态无关的逻辑电路。组合逻辑电路是根据实际需要将逻辑门进行组合，构成具有各种逻辑功能的电路。

组合逻辑电路的特点可以总结如下：

（1）输出和输入之间没有反馈回路。

（2）电路仅由门电路构成，不包含记忆性元件（触发器），所以没有记忆功能。

2）组合逻辑电路的功能描述

组合逻辑电路有多种功能描述方法，如逻辑表达式、真值表、逻辑图和卡诺图等。逻辑表达式和真值表的描述方法比较直观、明显。所以，一般情况下，都要将组合逻辑电路的逻辑图和卡诺图转化成逻辑表达式或者真值表。

对于任何一个多输入、多输出的组合电路，都可以用图 2-1 所示的框图来表示。图中 $a_1, a_2, \cdots, a_n$ 表示输入变量，$y_1, y_2, \cdots, y_m$ 表示输出变量。输出与输入之间的逻辑关系可以用一组逻辑函数表示为

$$\left.\begin{array}{l} y_1 = f_1(a_1, a_2, \cdots, a_n) \\ y_2 = f_2(a_1, a_2, \cdots, a_n) \\ \vdots \\ y_m = f_m(a_1, a_2, \cdots, a_n) \end{array}\right\}$$

图 2-1　组合电路的框图

2. 组合逻辑电路的分析与设计

1）组合逻辑电路的分析

组合逻辑电路的分析主要是根据给定的逻辑图找到输出与输入的逻辑关系，从而确定其逻辑功能。组合逻辑电路的分析步骤如图 2-2 所示。

图 2-2　组合逻辑电路的分析步骤

（1）由逻辑图写出逻辑表达式。

一般是从输入到输出逐级写出各个门电路的输出逻辑表达式，从而写出整个逻辑电路的输出对输入变量的逻辑表达式。

（2）化简。

必要时可化简，以求出最简逻辑表达式。较简单的逻辑功能从逻辑表达式上即可分析出来。

（3）列出逻辑函数的真值表。

将输入变量的状态以自然二进制数顺序的各种取值组合代入输出逻辑表达式，求出相应的输出状态，并填入表中得出真值表。

（4）分析逻辑功能。

通过分析真值表的特点，归纳出电路所能实现的逻辑功能。

（5）电路改进。

如果分析得到的逻辑功能可以用更简单的逻辑门实现，那我们需要对电路进行改进。

【例 2-1】 试分析图 2-3 所示的逻辑电路的逻辑功能，写出逻辑表达式，列出真值表。

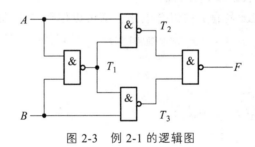

图 2-3　例 2-1 的逻辑图

解：

（1）由给出的逻辑图，写出各级逻辑门的逻辑表达式。

$$T_1 = \overline{AB} , \quad T_2 = \overline{AT_1} = \overline{A\overline{AB}} , \quad T_3 = \overline{BT_1} = \overline{B\overline{AB}} , \quad F = \overline{T_2 \cdot T_3} = \overline{\overline{A\overline{AB}} \cdot \overline{B\overline{AB}}}$$

（2）化简和变换逻辑表达式。

$$F = \overline{T_2 \cdot T_3} = \overline{\overline{A\overline{AB}} \cdot \overline{B\overline{AB}}}$$

$$= A\overline{AB} + B\overline{AB}$$

$$= A(\overline{A} + \overline{B}) + B(\overline{A} + \overline{B}) \tag{2-1}$$

$$= A\overline{B} + \overline{A}B$$

（3）列出真值表，如表 2-2 所示。

表 2-2　例 2-1 的真值表

A	B	F
0	0	0
0	1	1
1	0	1
1	1	0

由表达式和真值表分析可知，图 2-3 所示的电路功能为异或运算。

（4）改进电路。

可以把图 2-3 中的电路改进为图 2-4 所示的电路。

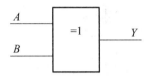

图 2-4　图 2-3 改进后的逻辑图

【例 2-2】 分析图 2-5 所示电路的逻辑功能。

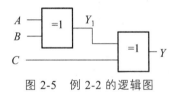

图 2-5　例 2-2 的逻辑图

解：

根据逻辑图，逐级写出输出逻辑表达式

$$Y_1 = A \oplus B \tag{2-2}$$

$$Y = Y_1 \oplus C = A \oplus B \oplus C \tag{2-3}$$

将输入变量 A、B 和 C 的各种取值组合代入逻辑表达式（2-3）中，求出逻辑函数 Y 的值，由此得出其真值表如表 2-3 所示。

表 2-3　例 2-2 的真值表

A	B	C	Y
0	0	0	0
0	0	1	1
0	1	0	1
0	1	1	0
1	0	0	1

A	B	C	Y
1	0	1	0
1	1	0	0
1	1	1	1

由真值表可以看出，在 3 个输入变量 A、B、C 中，有奇数个 1 时，输出 Y 为 1；否则为 0。由此可以判断出图 2-5 所示电路的逻辑功能为 3 位判奇电路，又称为"奇校验电路"，是判断输入变量中 1 的个数是否为奇数的电路。

【**例 2-3**】 分析图 2-6 所示电路的逻辑功能。

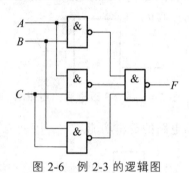

图 2-6 例 2-3 的逻辑图

解：

（1）由逻辑图可以写输出 F 的逻辑表达式为

$$F = \overline{\overline{AB} \cdot \overline{AC} \cdot \overline{BC}} = AB + BC + AC \tag{2-4}$$

（2）列出真值表，如表 2-4 所示。

表 2-4 例 2-3 的真值表

A	B	C	F
0	0	0	0
0	0	1	0
0	1	0	0
0	1	1	1
1	0	0	0
1	0	1	1
1	1	0	1
1	1	1	1

由表达式和真值表分析可知，3 个输入变量 A、B、C 中，只有两个及两个以上变量取值为 1 时，输出才为 1。可见图 2-6 所示的电路为实现 3 变量多数表决的逻辑功能，即 3 人多数表决器。

组合电路的分析过程不是一成不变的，实际分析组合电路时，可以根据电路的复杂程度灵活取舍。对较简单的电路，可以从表达式中直接分析出电路的逻辑功能。较复杂的电路要借助真值表，这样能较直观地分析出电路的逻辑功能。

2）组合逻辑电路的设计

组合逻辑电路设计是根据给定的逻辑问题，设计出能实现其逻辑功能的逻辑电路，最后画出实现逻辑功能的逻辑图。用逻辑门实现组合逻辑电路时，要求使用的芯片最少，连线最少。组合逻辑电路的设计步骤如图 2-7 所示。

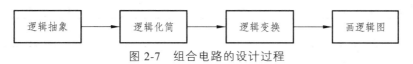

图 2-7 组合电路的设计过程

（1）逻辑抽象。

逻辑抽象是将文字描述的逻辑命题（设计要求）转换成逻辑函数表达式或真值表的过程。

（2）逻辑化简。

逻辑化简是指采用代数法（公式法）或者卡诺图法将逻辑函数化简为最简"与或"表达式，通常使用卡诺图法来完成。

（3）逻辑变换。

逻辑变换是指根据选用的逻辑器件类型，将最简"与或"表达式转换为所需形式。

（4）画逻辑图。

画逻辑图是指根据变换后的逻辑表达式绘制逻辑电路图。

上述步骤中除逻辑抽象外，其他内容均在前面章节中做过介绍，这里不再重复。下面仅对逻辑抽象的方法做简单介绍。

在设计组合电路时，要将文字描述的设计要求转化为逻辑函数的某种表达方式，这样才能设计出满足要求的逻辑电路。

由于实际逻辑问题各种各样，逻辑抽象没有规范的方法，往往要凭借设计者的经验去完成。通常的思路是：

（1）确定输入、输出变量。

（2）用二值逻辑的 0、1 两种状态分别对输入、输出变量进行逻辑赋值，即确定 0、1 的具体含义。

（3）根据输入、输出之间的逻辑关系列出真值表或直接写出逻辑表达式。当变量较多时，可以建立简化的真值表；变量不多时，可根据设计要求直接列出逻辑表达式。

【例 2-4】 用"非"门和"与或非"门设计 3 人多数表决器，其中 A 具有否决权。

解：

（1）逻辑抽象。

假设参与表决的 A、B 和 C 为输入变量，赞同时用 1 来表示，不赞同时用 0 来表示。Y

为代表表决结果的输出变量，表决通过用 1 来表示，未通过用 0 来表示。由此可列出如表 2-5 所示的真值表。

表 2-5　例 2-4 的真值表

A	B	C	Y
0	0	0	0
0	0	1	0
0	1	0	0
0	1	1	0
1	0	0	0
1	0	1	1
1	1	0	1
1	1	1	1

由真值表可以得到逻辑函数 Y 的最小项表达式为

$$Y = \sum m(5,6,7) \tag{2-5}$$

（2）逻辑化简。

用卡诺图化简逻辑函数，可得最简"与或"表达式为

$$Y = AC + AB \tag{2-6}$$

（3）逻辑变换。

根据题意，通过两次求反，将式（2-6）变换成"与或非"形式的表达式：

$$Y = \overline{\overline{AB + AC}} = \overline{\overline{A(B+C)}} = \overline{\overline{A} + \overline{B}\,\overline{C}} \tag{2-7}$$

（4）画逻辑图。

根据"与或非"表达式（2-7）可以画出逻辑图，如图 2-8 所示。

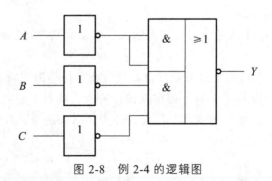

图 2-8　例 2-4 的逻辑图

【**例 2-5**】 用"与非"门设计一个交通信号灯工作状态监视电路,正常情况下,任何时刻有且仅有一盏灯点亮。当出现所有的灯都熄灭或有两盏及两盏以上的灯都亮的情况,说明电路出现了故障,需发出报警信号以通知维修人员处理。

解:

(1)逻辑抽象。

设变量 A、B、C 表示红、黄、绿 3 个信号灯,将灯的亮、灭分别用 1 和 0 表示,电路工作状态指示信号用 Y 来表示,需要报警时 Y 为 1,正常工作时 Y 为 0。真值表如表 2-6 所示。

表 2-6 例 2-6 的真值表

A	B	C	Y
0	0	0	1
0	0	1	0
0	1	0	0
0	1	1	1
1	0	0	0
1	0	1	1
1	1	0	1
1	1	1	1

根据表 2-6,可以得到逻辑函数表达式

$$Y = \sum m(0,3,5,6,7) \qquad (2\text{-}8)$$

(2)逻辑化简。

用卡诺图对式(2-8)进行化简得到:

$$Y = \overline{A} \cdot \overline{B} \cdot \overline{C} + AB + BC + AC \qquad (2\text{-}9)$$

(3)逻辑变换。

根据题意,将式(2-9)变换成"与非-与非"表达式

$$Y = \overline{\overline{ABC} \cdot \overline{AB} \cdot \overline{BC} \cdot \overline{AC}} \qquad (2\text{-}10)$$

(4)画逻辑图。

依据式(2-10),用"与非"门绘制逻辑电路图,如图 2-9 所示。

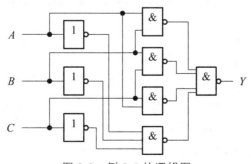

图 2-9 例 2-5 的逻辑图

【**例 2-6**】 人有 O、A、B、AB 4 种基本血型。输血者与献血者的血型必须符合下述原则：O 型血是万能输血者，可以输给任意血型的人，但 O 型血的人只接受 O 型血；AB 型血是万能受血者，可以接受所有血型的血。输血者和受血者之间的血型关系如图 2-10 所示。试用"与非"门设计一个组合电路，以判别一对输、受血者是否相容。

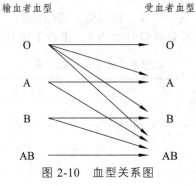

图 2-10 血型关系图

解：

（1）逻辑抽象。

设用 C、D 的 4 种变量组合表示输血者的 4 种血型，用 E、F 的 4 种变量组合表示受血者的 4 种血型，如表 2-7 所示。

表 2-7 用字母表示血型关系

输血者		受血者		血型
C	D	E	F	
0	0	0	0	O
0	1	0	1	A
1	0	1	0	B
1	1	1	1	AB

根据表 2-7 可以列出输出逻辑函数 Y 与输入变量 C、D、E、F 之间关系的简化真值表，如表 2-8 所示。

表 2-8 例 2-6 的简化真值表

C	D	E	F	Y
0	0	×	×	1
0	1	0	1	1
1	0	1	0	1
×	×	1	1	1

根据表 2-8，可以得到逻辑函数表达式为

$$Y = \overline{CD} + \overline{C}D\overline{E}F + C\overline{D}E\overline{F} + EF \tag{2-11}$$

（2）逻辑化简。

用图 2-11 所示的卡诺图化简式（2-11），可得最简"与或"表达式为

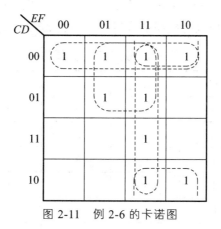

图 2-11　例 2-6 的卡诺图

$$Y = \overline{CD} + EF + \overline{C}F + \overline{D}E \tag{2-12}$$

（3）逻辑变换。

对最简"与或"表达式（2-12）进行"与非-与非"变换得

$$Y = \overline{\overline{\overline{CD} + EF + \overline{C}F + \overline{D}E}} = \overline{\overline{\overline{CD}} \cdot \overline{EF} \cdot \overline{\overline{C}F} \cdot \overline{\overline{D}E}} \tag{2-13}$$

（4）画逻辑图。

根据 Y 的最简"与非-与非"表达式（2-13），可绘制如图 2-12 所示的逻辑图。

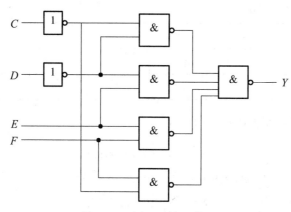

图 2-12　例 2-6 的逻辑图

【例 2-7】 用"与非"门、"非"门和"异或"门设计一个组合电路，以实现余三码到 8421 码的转换。

解：

（1）逻辑抽象。

由题意可知，组合电路的输入为余三码，有 4 个输入变量，设为 A、B、C、D；输出是 8421 码，有四个输出变量，设为 Y_4、Y_3、Y_2、Y_1。由于输入变量 A、B、C、D 的取值组合不可能为 0000~0010 和 1101~1111 这 6 种组合，即有 6 个约束项。

根据上述分析可以列出所设计电路的真值表，如表 2-9 所示。

表 2-9 例 2-7 的真值表

A	B	C	D	Y_4	Y_3	Y_2	Y_1
0	0	0	0	×	×	×	×
0	0	0	1	×	×	×	×
0	0	1	0	×	×	×	×
0	0	1	1	0	0	0	0
0	1	0	0	0	0	0	1
0	1	0	1	0	0	1	0
0	1	1	0	0	0	1	1
0	1	1	1	0	1	0	0
1	0	0	0	0	1	0	1
1	0	0	0	0	1	1	0
1	0	1	0	0	1	1	1
1	0	1	1	1	0	0	0
1	1	0	0	1	0	0	1
1	1	0	1	×	×	×	×
1	1	1	0	×	×	×	×
1	1	1	1	×	×	×	×

根据表 2-9 可以得到逻辑函数表达式为

$$\begin{cases} Y_4 = \sum m(11,12) + \sum d(0,1,2,13,14,15) \\ Y_3 = \sum m(7,8,9,10) + \sum d(0,1,2,13,14,15) \\ Y_2 = \sum m(5,6,9,10) + \sum d(0,1,2,13,14,15) \\ Y_1 = \sum m(4,6,8,10,12) + \sum d(0,1,2,13,14,15) \end{cases} \quad (2\text{-}14)$$

（2）逻辑化简。

用图 2-13 所示的各卡诺图化简式（2-14）中的各逻辑函数，可得逻辑函数的最简"与或"表达式。

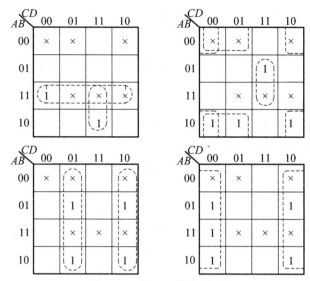

图 2-13 例 2-6 的卡诺图

$$\begin{cases} Y_4 = AB + ACD \\ Y_3 = \overline{BC} + \overline{BD} + BCD \\ Y_2 = C\overline{D} + \overline{C}D \\ Y_1 = \overline{D} \end{cases} \qquad (2\text{-}15)$$

（3）逻辑变换。

对最简"与或"式（2-15）进行"与非"变换或者进行"异或"变换可得

$$\begin{cases} Y_4 = \overline{\overline{AB + ACD}} = \overline{\overline{AB} \cdot \overline{ACD}} \\ Y_3 = \overline{B}(\overline{C} + \overline{D}) + BCD = \overline{\overline{BCD}} + BCD = B \oplus \overline{CD} \\ Y_2 = C\overline{D} + \overline{C}D = C \oplus D \\ Y_1 = \overline{D} \end{cases} \qquad (2\text{-}16)$$

（4）画逻辑图。

根据变换后的式（2-16）可绘制如图 2-14 所示的逻辑图。

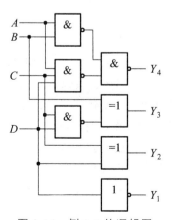

图 2-14 例 2-7 的逻辑图

2.2.2 常用中规模集成组合逻辑器件及应用

常用的组合逻辑器件品种较多，主要有编码器、译码器、数据选择器、数据分配器、加法器、数值比较器，以及分配器、奇偶校验电路等。随着集成技术的发展，在一个基片上集成的电子元件数目越来越多。根据每个基片上包含电子元器件数目的不同，集成电路分为小规模集成电路（SSI，Small Scale Integration）、中规模集成电路（MSI，Medium Scale Integration）、大规模集成电路（LSI，Large Scale Integration）及超大规模集成电路（VLSI，Very Large Scale Integration；SLSI，Super Large Scale Integration）。目前划分大、中、小规模集成电路的标准大致如表 2-10 所示。

表 2-10　集成电路的划分

种类规模	SSI	MSI	LSI	VLSI	SLSI
双极性数字电路	10 门/片以下	10~100 门/片	100~1000 门/片	1000~10000 门/片	10000 门/片以上
MOS-FET	100 元件/片以下	100~1000 元件/片	1000~10000 元件/片	10000~100000 元件/片	100000 元件/片以上
模拟电路	50 元件/片以下	50~100 元件/片			
存储器		256 位/片以下			

由于 MSI、LSI 电路的出现，使单个芯片的功能大大提高。一般地说，在 SSI 中仅仅是器件的集成；在 MSI 中则是逻辑部件的集成，这类器件能完成一定的逻辑功能；而 LSI 和 VLSI、SLSI 则是数字子系统或整个数字系统的集成。

MSI 电路可以直接实现组合逻辑函数，这样连线简单，省时省力，可靠性也高，是进行组合逻辑电路设计的一种重要方法。

MSI 和 LSI 的应用，使数字设备的设计过程大为简化，改变了用 SSI 进行设计的传统方法。在有了系统框图及逻辑功能描述之后，即可合理地选择模块（即选择适当的 MSI 和 LSI），再用传统的方法设计其他辅助连接电路。进行方案比较时，以使用集成电路块的数量最少作为技术、经济的最佳指标。运用 MSI 和 LSI 来设计数字系统，还没有一种简单的、通用的规范可寻，设计方法可以多种多样，设计的好坏关键在于对 MSI 和 LSI 功能的了解程度。

1. 编码器

在数字系统中，编码的含义是将每个事物用一个二进制代码来表示，在二值逻辑电路中，信号都是以高、低电平的形式给出的，因此，编码器（Encoder）的逻辑功能就是将输入的每一个高、低电平信号编成一个对应的二进制代码。简单来讲，赋予二进制代码特定含义的过程就是编码，具有编码功能的逻辑电路就是编码器。

目前经常使用的编码器主要有普通编码器和优先编码器两种。在普通编码器中，任何时刻只允许输入一个编码信号，否则输出将发生混乱。在优先编码器中，允许同时输入两个以上的有效编码信号。当同时输入几个有效编码信号时，优先编码器能按预先设定的优先级别，只对其中优先权最高的一个进行编码。

1）普通编码器

普通二进制编码器是用 n 位二进制数把某种信号变成 2^n 个二进制代码的逻辑电路。

（1）8 线-3 线二进制编码器。

下面我们以 3 位二进制编码器为例学习二进制编码器的编码原理。

图 2-15 所示的电路就是 3 位二进制编码器的框图。

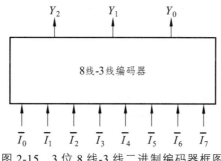

图 2-15　3 位 8 线-3 线二进制编码器框图

该编码器的 3 位输出 Y_2、Y_1、Y_0 的不同取值组合分别代表 8 个输入信号 $\overline{I_0}$、$\overline{I_1}$、$\overline{I_2}$、$\overline{I_3}$、$\overline{I_4}$、$\overline{I_5}$、$\overline{I_6}$、$\overline{I_7}$，所以也称其为 8 线-3 线编码器。输入信号低电平有效，其真值表如表 2-11 所示。

表 2-11　3 位 8 线-3 线二进制编码器的真值表

$\overline{I_0}$	$\overline{I_1}$	$\overline{I_2}$	$\overline{I_3}$	$\overline{I_4}$	$\overline{I_5}$	$\overline{I_6}$	$\overline{I_7}$	Y_2	Y_1	Y_0
0	1	1	1	1	1	1	1	0	0	0
1	0	1	1	1	1	1	1	0	0	1
1	1	0	1	1	1	1	1	0	1	0
1	1	1	0	1	1	1	1	0	1	1
1	1	1	1	0	1	1	1	1	0	0
1	1	1	1	1	0	1	1	1	0	1
1	1	1	1	1	1	0	1	1	1	0
1	1	1	1	1	1	1	0	1	1	1

由表 2-11 可见，当仅有某一个输入端为低电平时，输出与该输入端相对应的代码。例如，当 $\overline{I_3}$ 为低电平 0，而其他输入端均为高电平 1 时，输出 $Y_2Y_1Y_0$ 为 011。表中列出了 8 种输入信号的组合状态，每种状态的输入变量仅有一个取值为 0，其他未列出的状态是无关项，即任意时刻只能对一个输入信号进行编码。为避免产生乱码，该编码器不能接受两个或两个以上的编码信号请求。

根据表 2-11 可以得到该编码器 3 个输出信号的逻辑表达式：

$$\begin{cases} Y_2 = \overline{I_0}\overline{I_1}\overline{I_2}\overline{I_3}I_4\overline{I_5}\overline{I_6}\overline{I_7} + \overline{I_0}\overline{I_1}\overline{I_2}\overline{I_3}\overline{I_4}I_5\overline{I_6}\overline{I_7} \\ \qquad + \overline{I_0}\overline{I_1}\overline{I_2}\overline{I_3}\overline{I_4}\overline{I_5}I_6\overline{I_7} + \overline{I_0}\overline{I_1}\overline{I_2}\overline{I_3}\overline{I_4}\overline{I_5}\overline{I_6}I_7 \\ Y_1 = \overline{I_0}\overline{I_1}I_2\overline{I_3}\overline{I_4}\overline{I_5}\overline{I_6}\overline{I_7} + \overline{I_0}\overline{I_1}\overline{I_2}I_3\overline{I_4}\overline{I_5}\overline{I_6}\overline{I_7} \\ \qquad + \overline{I_0}\overline{I_1}\overline{I_2}\overline{I_3}\overline{I_4}\overline{I_5}I_6\overline{I_7} + \overline{I_0}\overline{I_1}\overline{I_2}\overline{I_3}\overline{I_4}\overline{I_5}\overline{I_6}I_7 \\ Y_0 = \overline{I_0}I_1\overline{I_2}\overline{I_3}\overline{I_4}\overline{I_5}\overline{I_6}\overline{I_7} + \overline{I_0}\overline{I_1}\overline{I_2}I_3\overline{I_4}\overline{I_5}\overline{I_6}\overline{I_7} \\ \qquad + \overline{I_0}\overline{I_1}\overline{I_2}\overline{I_3}\overline{I_4}I_5\overline{I_6}\overline{I_7} + \overline{I_0}\overline{I_1}\overline{I_2}\overline{I_3}\overline{I_4}\overline{I_5}\overline{I_6}I_7 \end{cases} \tag{2-17}$$

利用约束项化简式（2-17）得：

$$\begin{cases} Y_2 = I_4 + I_5 + I_6 + I_7 = \overline{\overline{I_4}\overline{I_5}\overline{I_6}\overline{I_7}} \\ Y_1 = I_2 + I_3 + I_6 + I_7 = \overline{\overline{I_2}\overline{I_3}\overline{I_6}\overline{I_7}} \\ Y_0 = I_1 + I_3 + I_5 + I_7 = \overline{\overline{I_1}\overline{I_3}\overline{I_5}\overline{I_7}} \end{cases} \tag{2-18}$$

图 2-16 所示的 8 线-3 线编码器逻辑图就是按照式（2-18）画出的。

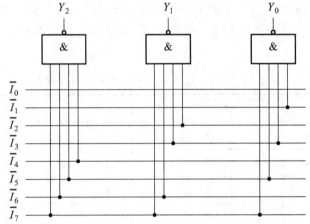

图 2-16　"与非"门构成的 3 位 8 线-3 线二进制编码器的逻辑图

（2）二-十进制编码器。

将十进制的 10 个数码 0～9 编成二进制代码的逻辑电路称为二-十进制编码器，又称为 BCD 编码器。其工作原理与二进制编码器并无本质区别，现以最常用的 8421BCD 编码器为例介绍。

因为输入有 10 个数码，要求有 10 种状态，而 3 位二进制代码只有 8 种状态，所以输出需用 4 位（$2^4 = 16 > 10$）二进制代码。这种编码器也被称为 10 线-4 线编码器。

设输入的 10 个数码分别用 $I_0 \sim I_9$ 表示，输出的二进制代码分别为 Y_3、Y_2、Y_1、Y_0，采用 8421BCD 编码方式，就是在 4 位二进制代码的 16 种状态中，取出前面 10 种状态，将后面 6 种状态去掉，其逻辑功能如表 2-12 所示。

表 2-12　8421BCD 编码器的逻辑功能表

输入变量										输出变量			
I_9	I_8	I_7	I_6	I_5	I_4	I_3	I_2	I_1	I_0	Y_3	Y_2	Y_1	Y_0
0	0	0	0	0	0	0	0	0	1	0	0	0	0
0	0	0	0	0	0	0	0	1	0	0	0	0	1
0	0	0	0	0	0	0	1	0	0	0	0	1	0
0	0	0	0	0	0	1	0	0	0	0	0	1	1
0	0	0	0	0	1	0	0	0	0	0	1	0	0
0	0	0	0	1	0	0	0	0	0	0	1	0	1
0	0	0	1	0	0	0	0	0	0	0	1	1	0
0	0	1	0	0	0	0	0	0	0	0	1	1	1
0	1	0	0	0	0	0	0	0	0	1	0	0	0
1	0	0	0	0	0	0	0	0	0	1	0	0	1

根据表 2-12，利用化简方法可以得到该编码器 4 个输出信号的逻辑表达式：

$$\begin{cases} Y_3 = I_8 + I_9 = \overline{\overline{I_8}\,\overline{I_9}} \\ Y_2 = I_4 + I_5 + I_6 + I_7 = \overline{\overline{I_4}\,\overline{I_5}\,\overline{I_6}\,\overline{I_7}} \\ Y_1 = I_2 + I_3 + I_6 + I_7 = \overline{\overline{I_2}\,\overline{I_3}\,\overline{I_6}\,\overline{I_7}} \\ Y_0 = I_1 + I_3 + I_5 + I_7 + I_9 = \overline{\overline{I_1}\,\overline{I_3}\,\overline{I_5}\,\overline{I_7}\,\overline{I_9}} \end{cases} \qquad (2\text{-}19)$$

根据逻辑表达式（2-19）画出逻辑图，如图 2-17 所示。

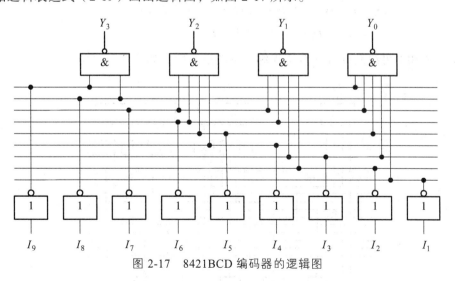

图 2-17　8421BCD 编码器的逻辑图

2）优先编码器

普通二进制编码器虽然比较简单，但当两个或多个输入信号同时有效时，其输出将是混乱的。而优先编码器则不同，它允许几个信号同时输入，但每一时刻输出端只给出优先级别较高的那个输入信号所对应的代码，不处理优先级别低的信号。至于优先级别的高低，完全是由设计人员根据各输入信号的轻重缓急情况决定。对多个请求信号的优先级别进行编码的逻辑部件称为优先编码器。

（1）8线-3线优先编码器。

编码器的8个输入信号为 $I_0 \sim I_7$（高电平有效），设 I_7 的优先级最高，I_0 的优先级最低，Y_2、Y_1、Y_0 为3位代码输出，其真值表如表2-13所示。

表2-13　3位二进制优先编码器的真值表

I_7	I_6	I_5	I_4	I_3	I_2	I_1	I_0	Y_2	Y_1	Y_0
1	×	×	×	×	×	×	×	1	1	1
0	1	×	×	×	×	×	×	1	1	0
0	0	1	×	×	×	×	×	1	0	1
0	0	0	1	×	×	×	×	1	0	0
0	0	0	0	1	×	×	×	0	1	1
0	0	0	0	0	1	×	×	0	1	0
0	0	0	0	0	0	1	×	0	0	1
0	0	0	0	0	0	0	1	0	0	0

由表2-13求出该编码器3个输出信号的逻辑表达式，并化简得：

$$\begin{cases} Y_2 = I_4\overline{I_5}\,\overline{I_6}\,\overline{I_7} + I_5\overline{I_6}\,\overline{I_7} + I_6\overline{I_7} + I_7 \\ \quad = I_4 + I_5 + I_6 + I_7 \\ Y_1 = I_2\overline{I_3}\,\overline{I_4}\,\overline{I_5}\,\overline{I_6}\,\overline{I_7} + I_3\overline{I_4}\,\overline{I_5}\,\overline{I_6}\,\overline{I_7} + I_6\overline{I_7} + I_7 \\ \quad = I_2\overline{I_4}\,\overline{I_5} + I_3\overline{I_4}\,\overline{I_5} + I_6 + I_7 \\ Y_0 = I_1\overline{I_2}\,\overline{I_3}\,\overline{I_4}\,\overline{I_5}\,\overline{I_6}\,\overline{I_7} + I_3\overline{I_4}\,\overline{I_5}\,\overline{I_6}\,\overline{I_7} + I_5\overline{I_6}\,\overline{I_7} + I_7 \\ \quad = I_1\overline{I_2}\,\overline{I_4}\,\overline{I_6} + I_3\overline{I_4}\,\overline{I_6} + I_5\overline{I_6} + I_7 \end{cases} \qquad (2\text{-}20)$$

由式（2-20）可绘制8线-3线优先编码器的逻辑图，如图2-18所示。

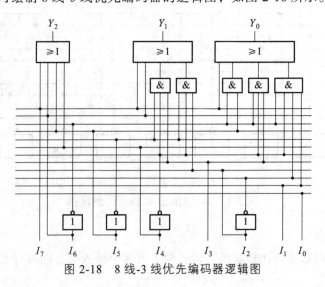

图2-18　8线-3线优先编码器逻辑图

常用的 8 线-3 线优先编码器是 74LS148，其逻辑功能如表 2-14 所示，其逻辑符号和芯片引脚图如图 2-19 和图 2-20 所示。

表 2-14　74LS148 的功能表

$\overline{EI}$	$\overline{I_7}$	$\overline{I_6}$	$\overline{I_5}$	$\overline{I_4}$	$\overline{I_3}$	$\overline{I_2}$	$\overline{I_1}$	$\overline{I_0}$	$\overline{A_2}$	$\overline{A_1}$	$\overline{A_0}$	$\overline{GS}$	EO
				输入							输出		
1	×	×	×	×	×	×	×	×	1	1	1	1	1
0	1	1	1	1	1	1	1	1	1	1	1	1	0
0	1	1	1	1	1	1	1	0	1	1	1	0	1
0	1	1	1	1	1	1	0	×	1	1	0	0	1
0	1	1	1	1	1	0	×	×	1	0	1	0	1
0	1	1	1	1	0	×	×	×	1	0	0	0	1
0	1	1	1	0	×	×	×	×	0	1	1	0	1
0	1	1	0	×	×	×	×	×	0	1	0	0	1
0	1	0	×	×	×	×	×	×	0	0	1	0	1
0	0	×	×	×	×	×	×	×	0	0	0	0	1

由表 2-14 可知，74LS148 优先编码器有 8 个输入端，优先级别由高到低分别为 $\overline{I_7}$、…、$\overline{I_0}$，3 个二进制码输出端为 $\overline{A_2}$、$\overline{A_1}$、$\overline{A_0}$。此外，芯片还设置了输入使能端 $\overline{EI}$，输出使能端 EO 和优先编码工作状态标志 $\overline{GS}$，以便于级联扩展。

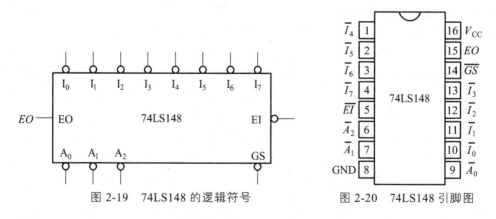

图 2-19　74LS148 的逻辑符号　　　　图 2-20　74LS148 引脚图

当 $\overline{EI}=0$ 时，编码器工作，当 $\overline{EI}=1$ 时，则无论 8 个输入端为何状态，3 个输出端均为高电平，且优先编码器的标志端和输出使能端 EO 均为高电平，编码器处于非工作状态。这种情况被称为使能端 $\overline{EI}$ 低电平有效。

当 $\overline{EI}=0$，且至少有一个输入端有编码请求信号（即逻辑 0）时，优先编码器工作状态 $\overline{GS}=0$，表明编码器处于工作状态，否则不工作。由此看出，输入使能端 $\overline{EI}$、输入信号端 $\overline{I_7}$、…、$\overline{I_0}$ 和工作状态标志 $\overline{GS}$ 均为低电平有效。

在 8 个输入端均无低电平输入信号和只有 $\overline{I_0}$ 输入端有低电平输入时，输出端 $\overline{A_2}$、$\overline{A_1}$、$\overline{A_0}$

均为 1，出现了输入条件不同而输出代码相同的情况，这时候由 $\overline{GS}$ 的状态决定。当 $\overline{GS}=1$ 时，表示 8 个输入端均无低电平输入，此时输出代码无效；当 $\overline{GS}=0$ 时，表示输出为有效编码。

在优先编码器 74LS148 的逻辑符号图中，信号端有圆圈表示该信号是低电平有效，无圆圈表示该信号是高电平有效。

【例 2-8】 请用两块 8 线-3 线优先编码器 74LS148 实现 16 线-4 线优先编码器。

解：

将两块 8 线-3 线优先编码器 74LS148 通过功能扩展端连接起来，再辅以门电路，即可实现 16 线-4 线优先编码器，如图 2-21 所示。

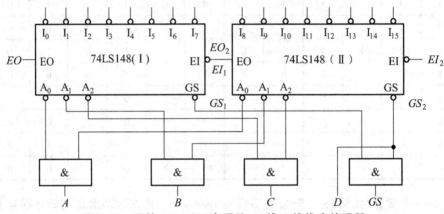

图 2-21　两块 74LS148 实现的 16 线-4 线优先编码器

（2）8421BCD 优先编码器。

完成二-十进制编码的电路称为二-十进制编码器，它能将 $I_0 \sim I_9$（对应 $0 \sim 9$）这 10 个有效的输入信号编成 8421BCD 码。表 2-15 是二-十进制编码器的真值表。

表 2-15　二-十进制编码器的真值表

输入变量										输出变量			
I_9	I_8	I_7	I_6	I_5	I_4	I_3	I_2	I_1	I_0	Y_3	Y_2	Y_1	Y_0
1	0	0	0	0	0	0	0	0	0	1	0	0	1
0	1	0	0	0	0	0	0	0	0	1	0	0	0
0	0	1	0	0	0	0	0	0	0	0	1	1	1
0	0	0	1	0	0	0	0	0	0	0	1	1	0
0	0	0	0	1	0	0	0	0	0	0	1	0	1
0	0	0	0	0	1	0	0	0	0	0	1	0	0
0	0	0	0	0	0	1	0	0	0	0	0	1	1
0	0	0	0	0	0	0	1	0	0	0	0	1	0
0	0	0	0	0	0	0	0	1	0	0	0	0	1
0	0	0	0	0	0	0	0	0	1	0	0	0	0

由表 2-15 可以写出二-十进制编码器四个输出信号的逻辑表达式，并进行"与非-与非"变换得

$$
\begin{cases}
Y_3 = I_8 + I_9 = \overline{\overline{I_8}\,\overline{I_9}} \\
Y_2 = I_7\overline{I_8I_9} + I_6\overline{I_8I_9} + I_5\overline{I_8I_9} + I_4\overline{I_8I_9} \\
Y_1 = I_7\overline{I_8I_9} + I_6\overline{I_8I_9} + I_3\overline{I_4I_5I_8I_9} + I_2\overline{I_4I_5I_8I_9} \\
Y_0 = I_9 + I_7\overline{I_8I_9} + I_5\overline{I_6I_8I_9} + I_3\overline{I_4I_6I_8I_9} + I_1\overline{I_2I_4I_6I_8I_9}
\end{cases}
\tag{2-21}
$$

由式（2-21）可绘制二-十进制编码器的逻辑图（这里省略）。

图 2-22 是集成 8421BCD 优先编码器 74LS147 的逻辑符号图，表 2-16 是 74LS147 的功能表。

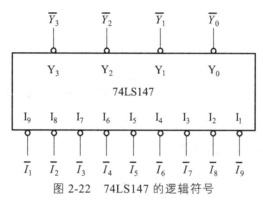

图 2-22　74LS147 的逻辑符号

由表 2-16 可以看出，编码器的输入信号低电平有效，输出是 8421BCD 码的反码。$\overline{I_9}$ 的优先级最高，$\overline{I_0}$ 的优先级最低，即只要 $\overline{I_9}$ 有低电平输入，无论其他输入端是什么，输出都是 0110。电路中没有 $\overline{I_0}$ 输入端，当所有的输入端都为高电平时，相当于 $\overline{I_0}$ 端有效，这时 4 个输出端输出的是 1111。

表 2-16　8421BCD 优先编码器 74LS147 的功能表

输入变量									输出变量			
$\overline{I_9}$	$\overline{I_8}$	$\overline{I_7}$	$\overline{I_6}$	$\overline{I_5}$	$\overline{I_4}$	$\overline{I_3}$	$\overline{I_2}$	$\overline{I_1}$	$\overline{Y_3}$	$\overline{Y_2}$	$\overline{Y_1}$	$\overline{Y_0}$
1	1	1	1	1	1	1	1	1	1	1	1	1
1	1	1	1	1	1	1	1	0	1	1	1	0
1	1	1	1	1	1	1	0	×	1	1	0	1
1	1	1	1	1	1	0	×	×	1	1	0	0
1	1	1	1	1	0	×	×	×	1	0	1	1
1	1	1	1	0	×	×	×	×	1	0	1	0
1	1	1	0	×	×	×	×	×	1	0	0	1
1	1	0	×	×	×	×	×	×	1	0	0	0
1	0	×	×	×	×	×	×	×	0	1	1	1
0	×	×	×	×	×	×	×	×	0	1	1	0

74LS147 的引脚图如图 2-23 所示，其中第 15 脚 NC 为空脚。

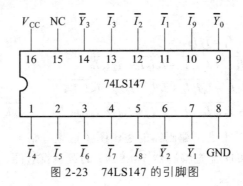

图 2-23　74LS147 的引脚图

2. 译码器

译码是将表示特定意义信息的二进制代码翻译出来，是编码的逆过程。实现译码操作的电路称为"译码器"，它输入的是二进制代码，输出的是与输入代码对应的特定信息。

常用的译码器有二进制译码器、二-十进制译码器和显示译码器等。

1）二进制译码器

图 2-24 是二进制译码器的逻辑框图。

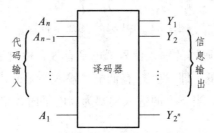

图 2-24　二进制译码器的逻辑框图

图中 $A_1 \sim A_n$ 是 n 个输入信号，组成 n 位二进制代码，A_n 是代码的最高位，A_1 是代码的最低位。代码可能是原码，也可能是反码。若为反码，则字母上面要带反号。$Y_1 \sim Y_{2^n}$ 是 2^n 个输出信号，可能是高电平有效，也可能是低电平有效。若为低电平有效，则字母上面要带反号，这种译码器称为 n 线-2^n 线译码器。对于 n 线-2^n 线译码器的每一种输入代码，输出只能有一个有效，其余均无效。二进制译码器可以译出输入变量的全部状态，所以又称为变量译码器或全译码器。表 2-17 是 3 位二进制译码器的真值表，输入是 3 位二进制代码，输出是 8 个互斥信号。

表 2-17　3 位二进制译码器的真值表

A_2	A_1	A_0	Y_0	Y_1	Y_2	Y_3	Y_4	Y_5	Y_6	Y_7
0	0	0	1	0	0	0	0	0	0	0
0	0	1	0	1	0	0	0	0	0	0
0	1	0	0	0	1	0	0	0	0	0
0	1	1	0	0	0	1	0	0	0	0

A_2	A_1	A_0	Y_0	Y_1	Y_2	Y_3	Y_4	Y_5	Y_6	Y_7
1	0	0	0	0	0	0	1	0	0	0
1	0	1	0	0	0	0	0	1	0	0
1	1	0	0	0	0	0	0	0	1	0
1	1	1	0	0	0	0	0	0	0	1

由真值表 2-17 可以写出输出逻辑表达式：

$$\begin{cases} Y_7 = A_2 A_1 A_0 = m_7 & Y_3 = \overline{A_2} A_1 A_0 = m_3 \\ Y_6 = A_2 A_1 \overline{A_0} = m_6 & Y_2 = \overline{A_2} A_1 \overline{A_0} = m_2 \\ Y_5 = A_2 \overline{A_1} A_0 = m_5 & Y_1 = \overline{A_2} \overline{A_1} A_0 = m_1 \\ Y_4 = A_2 \overline{A_1} \overline{A_0} = m_4 & Y_0 = \overline{A_2} \overline{A_1} \overline{A_0} = m_0 \end{cases} \tag{2-22}$$

由式（2-22）可以看出，译码器的每个输出都与输入代码的一个最小项一一对应。

3 线-8 线译码器 74LS138 的逻辑图如图 2-25 所示，其逻辑功能表如表 2-18 所示。74LS138 电路除了具有 3 个译码输入端（又称地址输入端）A_2、A_1、A_0，8 个译码输出端 $\overline{Y_0}$、$\cdots$、$\overline{Y_7}$ 以外，还具有 3 个使能端 S_1、$\overline{S_2}$ 和 $\overline{S_3}$。当 $S_1 = 1$，$\overline{S_2} + \overline{S_3} = 0$ 时，G_S 输出为高电平，译码器处于工作状态。否则，译码器被禁止，所有的输出端被封锁在高电平。

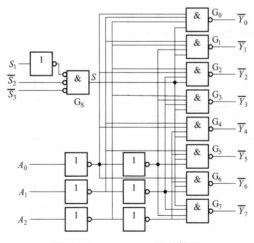

图 2-25　74LS138 的逻辑图

表 2-18　74LS138 的功能表

输入					输出							
S_1	$\overline{S_2} + \overline{S_3}$	A_2	A_1	A_0	$\overline{Y_0}$	$\overline{Y_1}$	$\overline{Y_2}$	$\overline{Y_3}$	$\overline{Y_4}$	$\overline{Y_5}$	$\overline{Y_6}$	$\overline{Y_7}$
×	1	×	×	×	1	1	1	1	1	1	1	1
0	×	×	×	×	1	1	1	1	1	1	1	1
1	0	0	0	0	0	1	1	1	1	1	1	1

输入					输 出							
S_1	$\overline{S_2}+\overline{S_3}$	A_2	A_1	A_0	$\overline{Y_0}$	$\overline{Y_1}$	$\overline{Y_2}$	$\overline{Y_3}$	$\overline{Y_4}$	$\overline{Y_5}$	$\overline{Y_6}$	$\overline{Y_7}$
1	0	0	0	1	1	0	1	1	1	1	1	1
1	0	0	1	0	1	1	0	1	1	1	1	1
1	0	0	1	1	1	1	1	0	1	1	1	1
1	0	1	0	0	1	1	1	1	0	1	1	1
1	0	1	0	1	1	1	1	1	1	0	1	1
1	0	1	1	0	1	1	1	1	1	1	0	1
1	0	1	1	1	1	1	1	1	1	1	1	0

由表 2-18 可以看出，其输入信号为原码，A_2 是最高位。译码过程中，根据 A_2、A_1、A_0 的取值组合，$\overline{Y_0} \sim \overline{Y_7}$ 中某一个输出为低电平，且 $\overline{Y_i} = \overline{m_i}(i=0,1,2,\cdots,7)$，$m_i$ 为最小项。译码器的输出表达式为

$$
\begin{cases}
\overline{Y_7} = \overline{A_2 A_1 A_0} = \overline{m_7} & \overline{Y_3} = \overline{\overline{A_2} A_1 A_0} = \overline{m_3} \\
\overline{Y_6} = \overline{A_2 A_1 \overline{A_0}} = \overline{m_6} & \overline{Y_2} = \overline{\overline{A_2} A_1 \overline{A_0}} = \overline{m_2} \\
\overline{Y_5} = \overline{A_2 \overline{A_1} A_0} = \overline{m_5} & \overline{Y_1} = \overline{\overline{A_2}\, \overline{A_1} A_0} = \overline{m_1} \\
\overline{Y_4} = \overline{A_2 \overline{A_1}\, \overline{A_0}} = \overline{m_4} & \overline{Y_0} = \overline{\overline{A_2}\, \overline{A_1}\, \overline{A_0}} = \overline{m_0}
\end{cases}
\tag{2-23}
$$

74LS138 的逻辑符号和芯片引脚分别如图 2-26 和图 2-27 所示。

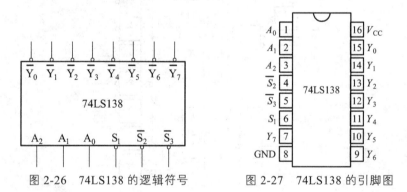

图 2-26　74LS138 的逻辑符号　　　　图 2-27　74LS138 的引脚图

2）二-十进制译码器

将输入的 4 位 8421BCD 码翻译成 10 个对应的高、低电平输出信号（用来表示 0~9 共 10 个数字）的逻辑电路称为二-十进制译码器，又称 4 线-10 线译码器。常用的 4 线-10 线译码器是 74LS42，表 2-19 是其功能表，输入的 4 位 8421BCD 码用 D、C、B、A 表示，输出的 0~9 这 10 个十进制数用 $\overline{Y_0} \sim \overline{Y_9}$ 表示。

由表 2-19 可见，该电路输入端 D、C、B、A 输入的是 8421BCD 码，输出端有译码输出时为 0，没有译码输出时为 1，即低电平有效时输出信号。所以，当输入为 1010~1111 这 6 个无效信号时，译码器输出全 1，即对无效信号拒绝译码。

表 2-19 74LS42 的功能表

数字	D	C	B	A	$\overline{Y_0}$	$\overline{Y_1}$	$\overline{Y_2}$	$\overline{Y_3}$	$\overline{Y_4}$	$\overline{Y_5}$	$\overline{Y_6}$	$\overline{Y_7}$	$\overline{Y_8}$	$\overline{Y_9}$
0	0	0	0	0	0	1	1	1	1	1	1	1	1	1
1	0	0	0	1	1	0	1	1	1	1	1	1	1	1
2	0	0	1	0	1	1	0	1	1	1	1	1	1	1
3	0	0	1	1	1	1	1	0	1	1	1	1	1	1
4	0	1	0	0	1	1	1	1	0	1	1	1	1	1
5	0	1	0	1	1	1	1	1	1	0	1	1	1	1
6	0	1	1	0	1	1	1	1	1	1	0	1	1	1
7	0	1	1	1	1	1	1	1	1	1	1	0	1	1
8	1	0	0	0	1	1	1	1	1	1	1	1	0	1
9	1	0	0	1	1	1	1	1	1	1	1	1	1	0
无效码	1	0	1	0	1	1	1	1	1	1	1	1	1	1
	1	0	1	1	1	1	1	1	1	1	1	1	1	1
	1	1	0	0	1	1	1	1	1	1	1	1	1	1
	1	1	0	1	1	1	1	1	1	1	1	1	1	1
	1	1	1	0	1	1	1	1	1	1	1	1	1	1
	1	1	1	1	1	1	1	1	1	1	1	1	1	1

由功能表 2-19 可以写出"与非"形式的输出表达式

$$\begin{cases} \overline{Y_0} = \overline{\overline{D}\,\overline{C}\,\overline{B}\,\overline{A}} \quad \overline{Y_1} = \overline{\overline{D}\,\overline{C}\,\overline{B}\,A} \quad \overline{Y_2} = \overline{\overline{D}\,\overline{C}\,B\,\overline{A}} \quad \overline{Y_3} = \overline{\overline{D}\,\overline{C}\,B\,A} \quad \overline{Y_4} = \overline{\overline{D}\,C\,\overline{B}\,\overline{A}} \\ \overline{Y_5} = \overline{\overline{D}\,C\,\overline{B}\,A} \quad \overline{Y_6} = \overline{\overline{D}\,C\,B\,\overline{A}} \quad \overline{Y_7} = \overline{\overline{D}\,C\,B\,A} \quad \overline{Y_8} = \overline{D\,\overline{C}\,\overline{B}\,\overline{A}} \quad \overline{Y_9} = \overline{D\,\overline{C}\,\overline{B}\,A} \end{cases} \quad (2\text{-}24)$$

根据式（2-24），可以画出用"与非"门组成的 74LS42 的逻辑图，如图 2-28 所示。

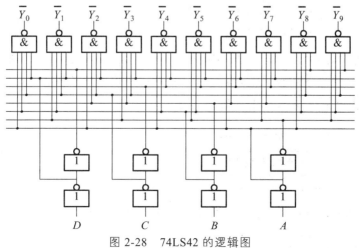

图 2-28 74LS42 的逻辑图

图 2-29 是二-十进制译码器 74LS42 的逻辑符号图。

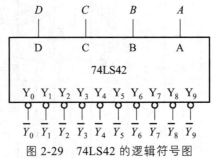

图 2-29　74LS42 的逻辑符号图

3）用译码器实现组合逻辑函数

任何逻辑函数都可以写成最小项之和的形式,而对于具有 n 个输入的二进制译码器来说,它的 2^n 个输出变量恰恰对应输入信号的 2^n 个最小项,即 $Y_i = m_i$。所以,可以利用译码器的这一特点,并配合门电路构成组合逻辑电路。具体步骤如下:

（1）由函数的自变量数确定译码器的线数,自变量数应与译码器的输入线数相等。

（2）将组合逻辑函数转换成最小项之和的形式。

（3）将函数的最小项之和形式与译码器的输出对比,并进行相应变换。

（4）画出用译码器和门电路组成的逻辑电路图。

【例 2-9】 用二进制译码器和与非门实现逻辑函数 $Y = AB + BC + AC$。

解:

（1）给定的组合逻辑函数为 3 变量逻辑函数,所以选择 3 线-8 线译码器 74LS138 来设计实现该组合逻辑函数。

（2）把逻辑函数 Y 写成最小项表达式的形式:

$$
\begin{aligned}
Y &= AB + BC + AC \\
&= AB(C + \overline{C}) + (A + \overline{A})BC + A(B + \overline{B})C \\
&= ABC + AB\overline{C} + \overline{A}BC + A\overline{B}C \\
&= m_3 + m_5 + m_6 + m_7
\end{aligned}
\tag{2-25}
$$

（3）由译码器 74LS138 功能可知,只要令 $A_2 = A$,$A_1 = B$,$A_0 = C$,则它的输出 $\overline{Y_0} \sim \overline{Y_7}$ 即为 3 变量逻辑函数的 8 个最小项 $\overline{m_0} \sim \overline{m_7}$。由于这些最小项以反函数的形式给出,所以还需将式（2-25）变换为由 $\overline{m_0} \sim \overline{m_7}$ 表示的函数式

$$
\begin{aligned}
Y &= m_3 + m_5 + m_6 + m_7 \\
&= \overline{\overline{m_3 + m_5 + m_6 + m_7}} \\
&= \overline{\overline{m_3} \cdot \overline{m_5} \cdot \overline{m_6} \cdot \overline{m_7}}
\end{aligned}
\tag{2-26}
$$

对比译码器 74LS138 的输出,式（2-26）可以写成

$$
Y = \overline{\overline{Y_3} \cdot \overline{Y_5} \cdot \overline{Y_6} \cdot \overline{Y_7}}
\tag{2-27}
$$

由式（2-27）画出逻辑电路图，如图 2-30 所示。

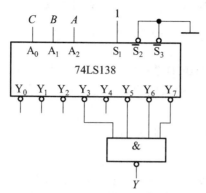

图 2-30　例 2-9 的逻辑电路图

4）显示译码器

在数字系统中，经常需要将用二进制代码表示的数字、符号和文字等直观地显示出来，供人们直接读取结果或数据，或者用以监视数字系统的工作情况。为此，需要首先将二-十进制代码送入译码器，用译码器的输出去驱动各种显示器件，具有这种功能的译码器被称为显示译码器。数字显示通常由数码显示器和显示译码器完成。

（1）数码显示器。

常见的数码显示器有很多种，按显示方式分为分段式、点阵式和重叠式；按发光材料分为半导体显示器、荧光显示器、液晶显示器和气体放电显示器。目前工程上应用较多是分段式半导体显示器，通常称为 7 段 LED 数码管，以及液晶显示器（LCD）。LED 主要用于显示数字和字母，LCD 可以显示数字、字母、文字和图形等。

7 段 LED 数码管是由 7 个发光二极管按照一定的顺序排列而成的，由 a、b、c、d、e、f 和 g 7 段组成一个"日"字，如图 2-31 所示。

图 2-31　7 段数码管字形显示情况示意图

根据连接方式的不同，7 段 LED 数码管分为共阴极方式与共阳极方式，如图 2-32 所示。

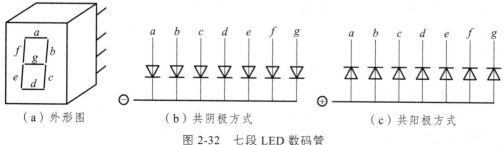

（a）外形图　　　（b）共阴极方式　　　（c）共阳极方式

图 2-32　七段 LED 数码管

采用共阴极方式时，显示译码器输出高电平可以驱动相应二极管发光显示；采用共阳极方式时，显示译码器输出低电平可以驱动相应二极管发光显示。为了防止电路中电流过大烧坏二极管，电路中需串联限流电阻。例如，当采用共阴极方式时，若显示数字"□"，则 a、b、c、d、e、f 段加高电平发光，g 段加低电平熄灭。

（2）数字显示译码器。

下面通过一种中规模 8421BCD 显示译码器的介绍，来加深对数字显示译码器的了解。数字显示译码器的主要作用是将输入的代码通过显示译码器翻译成相应的高或低电平，驱动显示器件发光，并正确显示。

74LS48 是一种 8421BCD 输入、开路输出的 4 线-7 段数码显示译码器，其逻辑功能如表 2-20 所示。

表 2-20　74LS48 七段数码显示译码器的逻功能表

十进制/功能	输入						$\overline{BI/RBO}$	输出							字形
	$\overline{LT}$	$\overline{RBI}$	D	C	B	A		a	b	c	d	e	f	g	
0	1	1	0	0	0	0	1	1	1	1	1	1	1	0	□
1	1	×	0	0	0	1	1	0	1	1	0	0	0	0	1
2	1	×	0	0	1	0	1	1	1	0	1	1	0	1	2
3	1	×	0	0	1	1	1	1	1	1	1	0	0	1	3
4	1	×	0	1	0	0	1	0	1	1	0	0	1	1	4
5	1	×	0	1	0	1	1	1	0	1	1	0	1	1	5
6	1	×	0	1	1	0	1	0	0	1	1	1	1	1	b
7	1	×	0	1	1	1	1	1	1	1	0	0	0	0	7
8	1	×	1	0	0	0	1	1	1	1	1	1	1	1	8
9	1	×	1	0	0	1	1	1	1	1	0	0	1	1	9
灭灯	×	×	×	×	×	×	0	0	0	0	0	0	0	0	暗
动态灭零	1	0	0	0	0	0	0	0	0	0	0	0	0	0	暗
试灯	0	×	×	×	×	×	1	1	1	1	1	1	1	1	8

74LS48 的输入端 D、C、B、A 为 8421BCD 码；输出端 a、b、c、d、e、f、g 为 7 段译码输出，某段输出为高电平时该段点亮，用以驱动高电平有效的共阴极 7 段 LED 数码管。从功能表可以看出，对输入代码 0000 的译码条件是 $\overline{LT}$ 和 $\overline{RBI}$ 同时等于 1，而对其他输入代码仅要求 $\overline{LT}=1$，此时，译码器 $a \sim g$ 段输出电平由输入的 8421BCD 码决定，并且满足显示字形的要求。

74LS48 译码器还设有多个辅助控制端，以增强器件的功能。

① 灭灯输入端：$\overline{BI/RBO}$。

$\overline{BI/RBO}$ 是特殊控制端，有时作为输入，有时作为输出。当 $\overline{BI/RBO}$ 作为输入且为 0 时，无论其他输入端电平状态如何，$a \sim g$ 段输出均为 0，所以字形熄灭。

② 动态灭零端：$\overline{RBI}$。

当 $\overline{LT}=1$、$\overline{RBI}=0$ 且输入代码 $DCBA=0000$ 时，$a\sim g$ 段输出均为 0，与输入代码相对应的字形"□"熄灭。所以称为"灭零"。

③ 动态灭零输出端：$\overline{RBO}$。

当输入满足"灭零"条件时，$\overline{BI/RBO}$ 作为输出使用时为 0；否则为 1。该端主要用于显示多位数字时多个译码器之间的连接，消去高位的零。

④ 试灯输入端：$\overline{LT}$。

当 $\overline{LT}=0$ 时，$\overline{BI/RBO}$ 作为输出端，且为 1 时，此时无论其他输入端状态如何，$a\sim g$ 段输出均为 1，字形显示为"□"。

74LS48 译码器的逻辑符号和引脚图如图 2-33 所示。

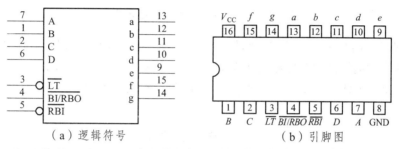

（a）逻辑符号　　　　　（b）引脚图

图 2-33　74LS48 的逻辑符号和引脚图

3. 加法器

二进制加法器是数字系统的基本逻辑部件之一。两个二进制数之间的加、减、乘、除等算术运算，最后都可以化作加法运算来实现。能够实现加法运算的电路称为加法器。加法器是算术运算的基本单元电路。下面先讨论能实现 1 位二进制数相加的半加器和全加器，然后探讨多位二进制数加法器。

1）半加器和全加器

如果不考虑来自低位的进位而将两个 1 位二进制数相加，称为半加。实现半加运算的逻辑电路叫作半加器。

若用 A、B 表示两个加数输入，S、CO 分别表示"和"与"进位"输出。根据半加器的逻辑功能，可以得出其真值表，如表 2-21 所示。

表 2-21　半加器的真值表

A	B	S	CO
0	0	0	0
0	1	1	0
1	0	1	0
1	1	0	1

由真值表可以求出 S 和 CO 的表达式

$$\begin{cases} S = A\overline{B} + \overline{A}B = A \oplus B \\ CO = AB \end{cases}$$

（2-28）

式（2-28）可用图 2-34（a）所示的逻辑电路实现。半加器的逻辑符号如图 2-34（b）所示。

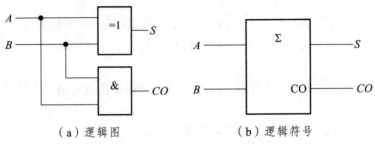

（a）逻辑图　　　　　　　　　（b）逻辑符号

图 2-34　半加器的逻辑图和逻辑符号

如果不仅考虑两个 1 位二进制数相加，而且还要考虑来自低位进位，这样的加法运算称为全加。实现全加运算的逻辑电路叫作全加器。设 A、B 为两个加数，CI 是来自低位的进位，S 为本位的"和"，CO 是向高位的"进位"，根据全加器的逻辑功能，可以得到其真值表，如表 2-22 所示。

表 2-22　全加器的真值表

A	B	CI	CO	S
0	0	0	0	0
0	0	1	0	1
0	1	0	0	1
0	1	1	1	0
1	0	0	0	1
1	0	1	1	0
1	1	0	1	0
1	1	1	1	1

由表 2-22 可以写出全加器的逻辑函数表达式，并进行相应变换得

$$
\begin{cases}
\begin{aligned}
S &= \sum(1,2,4,7) \\
&= \overline{A}\,\overline{B}CI + \overline{A}B\overline{CI} + A\overline{B}\,\overline{CI} + ABCI \\
&= (\overline{A}\overline{B} + AB)CI + (\overline{A}B + A\overline{B})\overline{CI} \\
&= A \oplus B \oplus CI \\
CO &= \sum(3,5,6,7) \\
&= \overline{A}BCI + A\overline{B}CI + AB\overline{CI} + ABCI \\
&= AB + (A \oplus B)CI \\
&= \overline{\overline{AB + (A \oplus B)CI}} \\
&= \overline{\overline{AB} \cdot \overline{(A \oplus B)CI}}
\end{aligned}
\end{cases}
\qquad (2\text{-}29)
$$

全加器的电路结构有多种类型，图 2-35（a）是用"异或"门和"与非"门构成的全加器。不论哪种电路结构，其功能必须符合表 2-22 给出的全加器真值表。全加器的逻辑符号如图 2-35（b）所示。

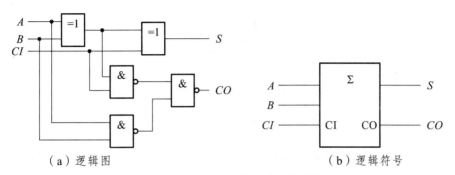

（a）逻辑图   （b）逻辑符号

图 2-35 全加器的逻辑图和逻辑符号

2）多位加法器

（1）串行进位加法器。

两个多位二进制数进行加法运算时，前面讲的全加器是不能完成的。必须把多个这样的全加器连接起来使用。即把相邻的第一位全加器的 CO 连接到高一位全加器的 CI 端，最低位相加时可以使用半加器，也可以使用全加器，若使用全加器，需要把 CI 端接低电平 0。这样组成的加法器称为串行进位加法器，如图 2-36 所示。

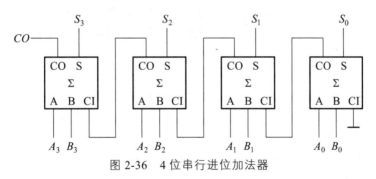

图 2-36 4 位串行进位加法器

由于电路的进位是从低位到高位依次连接的，必须等到低位的进位产生并送到相邻的高位以后，相邻的高位才能产生相加的结果和进位输出。因此，串行进位加法器的缺点是运行速度慢，只能用在对工作速度要求不太高的场合。但串行进位加法器具有电路结构简单的优点。

（2）超前进位并行加法器。

为了提高运算速度，通常使用"超前进位并行加法器"。图 2-37 所示为中规模集成电路 4 位二进制超前进位加法器 74LS283 的逻辑符号图。其中 $A_0 \sim A_3$，$B_0 \sim B_3$ 分别为 4 位加数和被加数的输入端，$S_0 \sim S_3$ 为 4 位和的输出端，CI 为最低进位输入端，CO 为向高位输送进位的输出端。

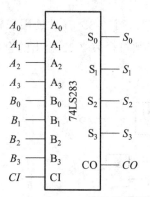

图 2-37　74LS283 的逻辑符号图

超前进位加法器的运算速度高的主要原因在于，进位信号不再是逐级传递，而是采用超前进位技术。超前进位加法器内部进位信号 CI_i 可写为

$$CI_i = f_i(A_0, \ldots, A_i, B_0, \ldots, B_i, CI) \tag{2-30}$$

各级进位信号仅由加数、被加数和最低位信号 CI 决定，而与其他进位无关，这就有效地提高了运算速度。需要注意的是，加法器速度越高，位数越多，电路越复杂。目前中规模集成超前进位加法器多为 4 位加法器。

3）用加法器实现组合逻辑函数

加法器能实现两个二进制数相加，如果某个逻辑函数能表示为某些输入变量相加或输入变量与常量相加的形式，则用加法器来设计组合逻辑电路会更简单。

【例 2-10】　用超前进位加法器 74LS283 设计一个代码转换电路，将余三码转换为 8421BCD 码。

解：

根据设计要求，电路的输入为余三码，用 $ABCD$ 表示；电路的输出为 8421BCD 码，用 $Y_3Y_2Y_1Y_0$ 表示。由代码的编码规则可知，余三码是 8421BCD 码加 3 得到的，即 8421BCD 码可以由余三码加（–3）得到。所以只要将 $ABCD$ 和（–3）的补码 1101 作为加数和被加数接入 74LS283 的输入端 $A_0 \sim A_3$、$B_0 \sim B_3$，即可从 $S_0 \sim S_3$ 端得到 8421 码，这时会在 CO 端产生进位，忽略即可。电路连接如图 2-38 所示。

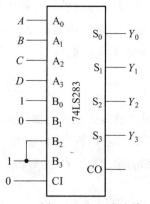

图 2-38　例 2-10 的电路连接图

4. 数据选择器

能从一组输入数据中选择出某一数据的电路称为数据选择器。数据选择器由地址译码器和多路数字开关组成，如图 2-39 所示。它有 n 个选择输入端（也称为地址输入端），2^n 个数据输入端，一个数据输出端。数据输入端与选择输入端输入的地址码一一对应，当地址码确定后，输出端就输出与该地址码有对应关系的数据输入端的数据，即将与该地址码有对应关系的数据输入端和输出端相接。

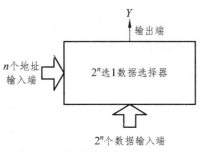

图 2-39　数据选择器的逻辑框图

1）4 选 1 数据选择器

图 2-40 是 4 选 1 数据选择器的功能示意图。图中 $D_0 \sim D_3$ 为 4 个数据输入端；Y 为输出端；A_1、A_0 为地址输入端，其真值表如表 2-23 所示。

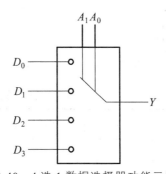

图 2-40　4 选 1 数据选择器功能示意图

表 2-23　4 选 1 数据选择器真值表

A_1	A_0	D_0	D_1	D_2	D_3	Y
0	0	D_0	×	×	×	D_0
0	1	×	D_1	×	×	D_1
1	0	×	×	D_2	×	D_2
1	1	×	×	×	D_3	D_3

由真值表 2-23 可以写出输出信号 Y 的表达式：

$$Y = \overline{A_1}\,\overline{A_0}\,D_0 + \overline{A_1}\,A_0 D_1 + A_1\,\overline{A_0}\,D_2 + A_1 A_0 D_3 \qquad (2\text{-}31)$$

根据表达式（2-31）可以画出 4 选 1 数据选择器的逻辑图，如图 2-41 所示。

4 选 1 数据选择器的典型集成电路是 74LS153。74LS153 内部有两片功能完全相同的 4 选 1 数据选择器，通常称为双 4 选 1 数据选择器。

74LS153 中设有选通端 $\overline{S}$，低电平有效。当 $\overline{S}=1$ 时，$Y=0$，数据选择器不工作。当 $\overline{S}=0$ 时，数据选择器才工作。于是，式（2-31）改写为

$$Y = (\overline{A_1}\,\overline{A_0}\,D_0 + \overline{A_1}\,A_0 D_1 + A_1\,\overline{A_0}\,D_2 + A_1 A_0 D_3)S \tag{2-32}$$

当 $\overline{S}=0$ 时，根据地址码 $A_1 A_0$ 的不同，从 $D_0 \sim D_3$ 中选出一个数据输出。即地址码 $A_1 A_0$ 分别为 00、01、10、11 时，输出分别为 D_0、D_1、D_2、D_3。

74LS153 的功能表如表 2-24 所示，74LS153 的逻辑符号如图 2-42 所示。

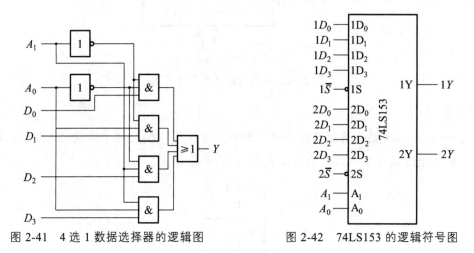

图 2-41　4 选 1 数据选择器的逻辑图　　　　图 2-42　74LS153 的逻辑符号图

表 2-24　74LS153 中一片 4 选 1 数据选择器的功能表

$\overline{S}$	A_1	A_0	D_0	D_1	D_2	D_3	Y
1	×	×	×	×	×	×	0
0	0	0	D_0	×	×	×	D_0
0	0	1	×	D_1	×	×	D_1
0	1	0	×	×	D_2	×	D_2
0	1	1	×	×	×	D_3	D_3

2）8 选 1 数据选择器

集成 8 选 1 数据选择器 74LS151 的逻辑功能如表 2-25 所示。可以看出，74LS151 有一个使能端 $\overline{S}$，低电平有效；A_2、A_1、A_0 为地址输入端；有两个互补输出端 Y 和 $\overline{Y}$，其输出信号相反。

表 2-25　74LS151 的功能表

$\bar{S}$	A_2	A_1	A_0	D	Y	$\bar{Y}$
1	×	×	×	×	0	1
0	0	0	0	D_0	D_0	$\bar{D}_0$
0	0	0	1	D_1	D_1	$\bar{D}_1$
0	0	1	0	D_2	D_2	$\bar{D}_2$
0	0	1	1	D_3	D_3	$\bar{D}_3$
0	1	0	0	D_4	D_4	$\bar{D}_4$
0	1	0	1	D_5	D_5	$\bar{D}_5$
0	1	1	0	D_6	D_6	$\bar{D}_6$
0	1	1	1	D_7	D_7	$\bar{D}_7$

由功能表可以写出输出逻辑函数的表达式

$$Y = (\bar{A}_2 \bar{A}_1 \bar{A}_0 D_0 + \bar{A}_2 \bar{A}_1 A_0 D_1 + \bar{A}_2 A_1 \bar{A}_0 D_2 + \bar{A}_2 A_1 A_0 D_3 + A_2 \bar{A}_1 \bar{A}_0 D_4 +$$
$$A_2 \bar{A}_1 A_0 D_5 + A_2 A_1 \bar{A}_0 D_6 + A_2 A_1 A_0 D_7)\, S \tag{2-33}$$

当 $\bar{S}=1$ 时，$Y=0$，数据选择器不工作；当 $\bar{S}=0$ 时，根据地址码 $A_2A_1A_0$ 的不同取值，从 $D_0 \sim D_7$ 中选出一个数据输出。74LS151 的逻辑符号如图 2-43 所示。

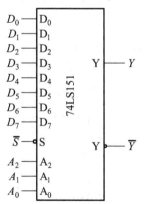

图 2-43　74LS151 的逻辑符号图

3）用数据选择器实现组合逻辑函数

从前面的分析可知，数据选择器输出信号的逻辑表达式具有以下特点。

（1）具有标准"与或"表达式（最小项之和）的形式。

（2）提供了地址变量的全部最小项。

（3）一般情况下，输入信号 D_i 可以当成一个变量处理。

任何组合逻辑函数都可以写成唯一的最小项之和的形式，从原理上讲，应用对照比较的方法，用数据选择器可以不受限制地实现任何组合逻辑函数，具体步骤如下。

（1）根据逻辑函数中变量的个数确定数据选择器的类型。

若变量数为 n，则一般应选择 2^n 选 1 数据选择器或 2^{n-1} 选 1 数据选择器。

（2）确定地址输入。

如果选择 2^n 选 1 数据选择器，则 n 个变量全部设成地址输入；如果选择 2^{n-1} 选 1 数据选择器，则任选 $n-1$ 个变量设成地址输入。

（3）确定数据输入。

对比逻辑函数最小项表达式和数据选择器的表达式来确定数据输入。

【例 2-11】 用数据选择器实现二进制全加器。

解：

二进制全加器有 3 个输入变量，2 个输出变量，可以选择双 4 选 1 的数据选择器 74LS153 来实现。

设 A 和 B 为二进制全加器的加数和被加数，C 为低位来的进位，S 为本位的和，CO 为向高位的进位。设地址输入 $A_1 = A$，$A_0 = B$。

前面已经给出了 S 和 CO 的逻辑表达式，稍做变换可得

$$
\begin{cases}
S = \sum m(1,2,4,7) \\
\quad = \overline{AB} \cdot C + \overline{A}\,\overline{B} \cdot \overline{C} + A\overline{B} \cdot \overline{C} + AB \cdot C \\
CO = \sum m(3,5,6,7) \\
\quad = \overline{A}BC + A\overline{B}C + AB\overline{C} + ABC \\
\quad = \overline{A}\,\overline{B} \cdot 0 + \overline{A}B \cdot C + A\overline{B} \cdot C + AB \cdot 1
\end{cases}
\tag{2-34}
$$

比较式（2-34）与 4 选 1 数据选择器 74LS153 的表达式（2-31），可以确定数据输入及输出为

$$
\begin{cases}
1D_0 = C、 \quad 1D_1 = \overline{C}、 \quad 1D_2 = \overline{C}、 \quad 1D_3 = C、 \quad S = 1Y \\
2D_0 = 0、 \quad 2D_1 = C、 \quad 2D_2 = C、 \quad 2D_3 = 1、 \quad CO = 2Y
\end{cases}
\tag{2-35}
$$

依据各数据输入和输出画出连接图，如图 2-44 所示。

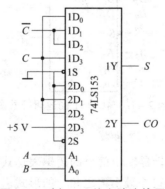

图 2-44　例 2-11 的电路连接图

5. 数据分配器

根据 m 个地址输入，将一个输入信号传送到 2^m 个输出端中的某一端的器件称为数据分配器。数据分配器示意图如图 2-45 所示。下面以 1 路-4 路数据分配器为例，说明数据分配器的工作原理。

1 路-4 路数据分配器有 1 个信号输入端 D，2 个地址输入端 A_1、A_0，4 个数据输出端 Y_3、Y_2、Y_1、Y_0，如图 2-46 所示。

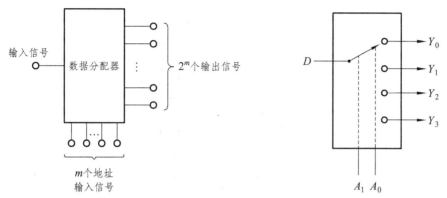

图 2-45　数据分配器示意图　　　　图 2-46　1 路-4 路数据分配器功能示意图

根据数据分配器的定义及图 2-46，可以列出 1 路-4 路数据分配器的真值表，如表 2-26 所示。

表 2-26　1 路-4 路数据分配器的真值表

A_1	A_0	Y_3	Y_2	Y_1	Y_0
0	0	0	0	0	D
0	1	0	0	D	0
1	0	0	D	0	0
1	1	D	0	0	0

根据表 2-26 可以写出输出逻辑表达式：

$$\begin{cases} Y_0 = D\,\overline{A_1}\,\overline{A_0} \qquad Y_2 = DA_1\,\overline{A_0} \\ Y_1 = D\,\overline{A_1}\,A_0 \qquad Y_3 = DA_1A_0 \end{cases} \qquad (2\text{-}36)$$

根据式（2-36）可以画出 1 路-4 路数据分配器的逻辑图，如图 2-47 所示。

从图 2-47 可以看出，如果将地址输入 A_1、A_0 作为二进制编码输入，D 作为选通控制信号，则数据分配器就成为二进制译码器。所以，数据分配器完全可以用二进制译码器来代替。

由于数据分配器可以用二进制译码器代替，所以集成二进制译码器也是集成数据分配器。如集成 2 线-4 线二进制译码器 74LS139 也是集成 1 路-4 路数据分配器；集成 3 线-8 线二进制译码器 74LS138 也是集成 1 路-8 路数据分配器。

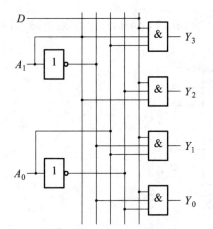

图 2-47　1 路-4 路数据分配器的逻辑图

2.2.3　技能实训

1. 编码器逻辑功能的仿真分析

1）实训目的

（1）掌握编码器的逻辑功能及分析、测试方法。

（2）熟悉仿真软件 Multisim12 的使用。

2）实训器材（见表 2-27）

表 2-27　实训器材

实训器材	计算机	Multisim12	其他
数量	1 台	1 套	—

3）实训原理及操作

（1）测试 8 线-3 线优先编码器 74LS148 的逻辑功能。

仿真测试电路如图 2-48 所示。

① 按照图 2-48 所示的电路图连线，以灯泡的亮、灭作为输出代码的指示。

② 查阅 74LS148 的管脚图和逻辑功能的有关资料。

（2）测试数据。

自行设计逻辑功能表并填入测试数据。

4）注意事项

分析优先编码器时，重点体会低电平有效的含义，以及输出电平高低与功能表中输出代码的关系。

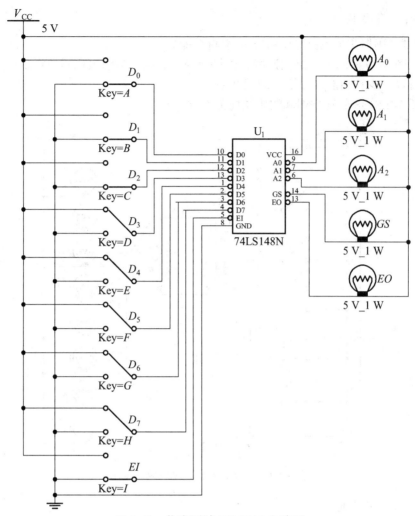

图 2-48   仿真测试 74LS148 电路图

2. 译码器逻辑功能的仿真分析

1）实训目的

（1）掌握译码器的逻辑功能及分析、测试方法。

（2）仿真练习组合逻辑电路的初步设计。

（3）体会中规模集成逻辑器件的综合应用效果。

2）实训器材（见表 2-28）

表 2-28   实训器材

实训器材	计算机	Multisim12	其他
数量	1 台	1 套	—

3）实训原理及操作

（1）测试译码器集成电路 74LS138 的逻辑功能。

① 按照图 2-49 所示的电路图连线，以灯泡的亮、灭作为输出代码的指示。

② 自行设计逻辑功能表并填入测试结果。

③ 查阅 74LS138 的管脚图和逻辑功能的有关资料。

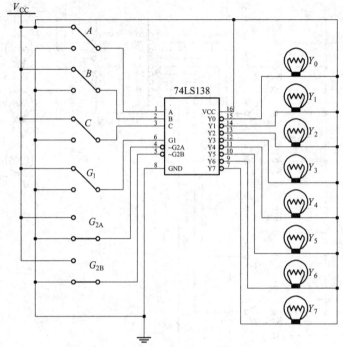

图 4-49　74LS138 的逻辑功能测试图

（2）译码器的综合应用。

① 按照图 2-50 所示的电路图连线，以发光二极管的亮、灭作为输出代码的指示。

② 自行设计逻辑功能表并填入测试结果。

③ 分析该电路的逻辑功能。

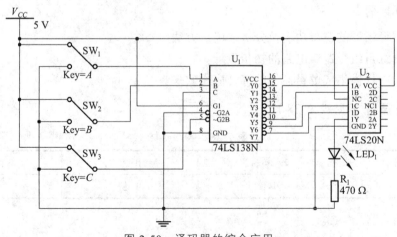

图 2-50　译码器的综合应用

（3）显示译码器的测试。

① 按照图 2-51 所示的电路图连线。

② 通过控制开关体会显示译码器的控制功能。

③ 通过代码输入，让 7 段数码显示器显示十进制数 0～9，并总结输入代码与显示结果的关系。

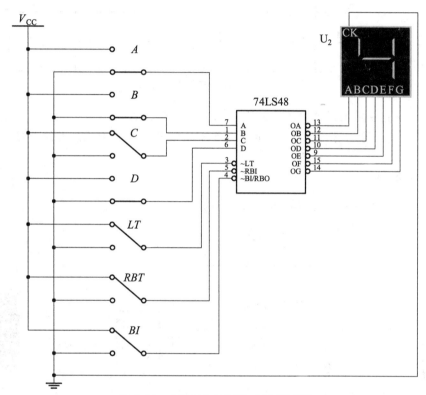

图 2-51　74LS48 的逻辑功能测试图

2.3　项目实施

2.3.1　构思（Conceive）——设计方案

在数字系统中信号都是以二进制数形式表示，并以各种编码的形态传递或保存。但是人们习惯于十进制数，那么怎样才能把数字系统中的各种数码直观地以十进制数形式显示出来呢？这个任务可以由数码显示电路来完成。

数码显示电路的实现有多种途径，其基本思路就是将数字信号进行译码，使译码结果驱动 7 段数码显示管，显示出与输入相对应的十进制数或字符。

2.3.2　设计（Design）——设计与仿真

1. 电路设计

数码显示电路的设计框图如图 2-52 所示。

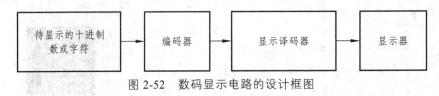

图 2-52　数码显示电路的设计框图

数码显示电路中的编码器采用 10 线-4 线优先编码器 74LS147 芯片，显示译码器采用 74LS48 芯片，显示器采用 LED 7 段共阴极数码管。其相关知识参见前面的内容。

2. 电路仿真

数码显示电路的电路仿真图如图 2-53 所示。

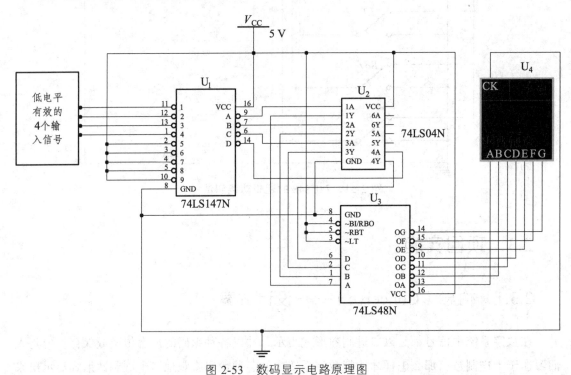

图 2-53　数码显示电路原理图

3. 电路示例

数码显示电路图可以显示 4 路抢答器抢答选手的编号，如图 2-54 所示。4 路抢答器电路的设计与实现可以参照项目 3。

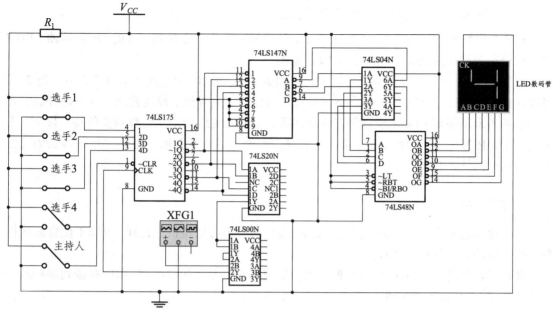

图 2-54　4 路抢答器抢答选手编号的显示电路图

2.3.3　实现（Implement）——组装与调试

数码显示电路的元器件参数如表 2-29 所示。

表 2-29　数码显示电路元器件参数

序号	数量	元器件代号	名称	型号	功能
1	1	U_1	10 线-4 线优先编码器	SN74LS147N	编码
2	1	U_2	逻辑门	SN74LS04N	逻辑非
3	1	U_3	7 段数码显示译码器	SN74LS48N	译码
4	1	U_4	共阴极方式 LED 数码管		输出显示

1. 制作工具与仪器设备

（1）电路焊接工具：电烙铁（20 ~ 35 W）、烙铁架、焊锡丝、松香。

（2）其他工具：剥线钳、平口钳、螺丝刀、镊子

（3）测试仪器仪表：万用表、示波器

2. 元器件检测

1）集成电路的检测

集成电路的检测方法参考 1.3.3。

2）共阴极方式 LED 七段数码管的检测

LED 7 段数码管是由 7 个 LED 发光二极管按照一定的顺序排列而成的。所以检测 LED 7 段数码管是分别对数码管的 7 段进行 LED 检测。

检测 LED 发光二极管可以选用数字式万用表的"二极管"档。此档位的工作电压为 2 V，可以保证 LED 发光二极管 PN 结在施加此电压后能够正向导通，反向截止。方法是将数字式万用表的黑表笔接到 LED 7 段数码管的公共端，红表笔接到 LED 7 段数码管的每一段上。正常情况下，接通后每一段都能正常发光。若亮度很低，甚至不发光，说明 LED 该段数码管性能不良或已损坏，必须更换。

3. 焊　接

电路焊接过程中，一定要注意使集成 IC 芯片的引脚与底座接触良好，引脚不能弯曲或折断。指示灯的正、负极不能接反。

将自行设计的 4 位低电平有效抢答器的输出指示信号按图 2-54 所示电路接到编码器的 $\overline{I_1}$、$\overline{I_2}$、$\overline{I_3}$、$\overline{I_4}$ 输入端（即 11、12、13、1 脚）。

4. 组装调试

（1）准备好万能板或 PCB 板、连接线，以及所有元器件。
（2）布局合理，正确连接电路。
（3）调试电路。

2.3.4　运行（Operate）——测试与分析

1. 断电测试与分析

（1）焊接完成后，需要检查各个焊点的质量，检查有无虚焊、漏焊情况。
（2）对照图 2-53 所示的原理图，审查各个元件是否与图纸相对应。
（3）检查电源正负极是否有短路。
（4）测试各连接情况。使用万用表二极管挡，根据原理图从信号输入到信号输出，检查各个焊点是否导通（焊接是否完成，有无虚焊现象）。
（5）检查元器件有无倾斜情况。

2. 上电测试与分析

上电之前用万用表测试输出端的电压是否正确，上电后注意观察各元件是否有发热、冒烟等情况（如有应及时断电再仔细检查），若一切正常，方可测试各个集成芯片之间的逻辑关系和数码管的显示情况。

1）电路逻辑关系检测

（1）当 4 个输入信号 $\overline{I_1}$、$\overline{I_2}$、$\overline{I_3}$、$\overline{I_4}$ 分别为低电平时，用示波器测试 74LS147 的 4 个

输出信号 $\overline{Y_0}$（A）、$\overline{Y_1}$（B）、$\overline{Y_2}$（C）、$\overline{Y_3}$（D）的电平并记录于表 2-30 中。表中 "1" 表示高电平，"0" 表示低电平。

表 2-30　电路逻辑关系检测表

$\overline{I_4}$	$\overline{I_3}$	$\overline{I_2}$	$\overline{I_1}$	$\overline{Y_3}$	$\overline{Y_2}$	$\overline{Y_1}$	$\overline{Y_0}$	a	b	c	d	e	f	g	数码
1	1	1	0												
1	1	0	1												
1	0	1	1												
0	1	1	1												

（2）用同样的方法测试译码器 74LS48 的 7 个输出端 $a \sim g$ 的电平，记录于表 2-30 中。观察数码管 7 个输出端 $a \sim g$ 电平的高低与数码管相应各段的亮、灭关系。

2）数码管的显示情况

（1）如果 $\overline{I_1}$（选手 1）先接通低电平，数码管显示号码 "¦"。

（2）如果 $\overline{I_2}$（选手 2）先接通低电平，数码管显示号码 "己"。

（3）如果 $\overline{I_3}$（选手 3）先接通低电平，数码管显示号码 "∃"。

（4）如果 $\overline{I_4}$（选手 4）先接通低电平，数码管显示号码 "ㄩ"。

如果上面 4 个结果都吻合，则说明数码显示电路制作成功。

2.4　项目总结与评价

2.4.1　项目总结

（1）编码是将字母、数字、符号等信息按一定规律编排成具有特定含义的二进制代码的过程。编码器是指实现编码逻辑功能的电路。

（2）编码器的工作原理就是在某一时刻的若干个输入中，只有一个输入信号被转换为二进制代码，常见的有 4 线-2 线编码器、8 线-3 线编码器、10 线-4 线编码器等。

（3）优先编码器允许几个信号同时加至编码器的输入端，但是由于各个输入端的优先级别不同，编码器只接受优先级最高的那个输入信号，而对其他输入信号不予考虑。常见的有 8 线-3 线优先编码器 74LS148、10 线-4 线优先编码器 74LS147。

（4）译码是编码的逆过程，是将给定的代码翻译成相应的输出信号或另一种形式的代码的过程。译码器是指实现译码逻辑功能的电路。常见的译码器有二进制译码器 74LS138、74LS139，二-十进制译码 74LS42，显示译码器 74LS48 等。二进制译码器是将二进制代码翻译成相应输出信号的电路。二-十进制译码器是将输入的 8421BCD 码翻译成 10 个相应的输出信号的电路，有时也称为 4 线-10 线译码器。显示译码器是用译码后得到的结果或数据去驱动显示器件以十进制数字的形式进行显示的电路。

（5）常见的数码显示器有很多种，目前工程上应用较多是分段式半导体显示器，通常称为 7 段发光二极管显示器（LED），以及液晶显示器（LCD）。LED 主要用于显示数字和字母，LCD 可以显示数字、字母、文字和图形等。

（6）数码显示电路的设计与实现（CDIO 4 个环节）。

2.4.2　项目评价

1. 评价内容

（1）演示的结果。

（2）性能指标。

（3）是否文明操作、遵守企业和实训室管理规定。

（4）项目制作调试过程中是否有独到的方法或见解。

（5）是否能与组员（同学）团结协作。

2. 评价要求

（1）评价要客观公正。

（2）评价要全面细致。

（3）评价要认真负责。

3. 项目评价表

本项目评价表如表 2-31 所示。

表 2-31　项目评价表

评价要素	评价标准	评价依据	评价方式			权重
			个人	小组	教师	
职业素质	（1）能文明操作、遵守企业和实训室管理规定； （2）能与其他组员团结协作； （3）能按时并积极主动完成学习和工作任务； （4）能遵守纪律，服从管理	（1）工具的摆放规范； （2）仪器仪表的使用规范； （3）工作台的整理； （4）工作任务页的填写规范； （5）平时表现； （6）学生制作的作品	0.3	0.3	0.4	0.3
专业能力	（1）能够按照流程规范作业； （2）能够充分理解数码显示电路的电路组成及工作原理； （3）能够完成电路的 CDIO 4 个环节； （4）能选择合适的仪器仪表进行调试； （5）能够对 CDIO 4 个环节的工作进行评价与总结。	（1）操作规范； （2）专业理论知识，包括习题、项目技术总结报告、演示、答辩； （3）专业技能，包括仿真分析、完成的作品和制作调试报告	0.1	0.2	0.7	0.6

评价要素	评价标准	评价依据	评价方式			权重
			个人	小组	教师	
创新能力	（1）在项目分析中提出自己的见解； （2）对项目教学提出建议或意见，具有创新性； （3）自己完成测试方案制定，设计合理	（1）提出创新的观念； （2）提出的意见和建议被认可； （3）好的方法被采用； （4)在所写项目报告中有独特的见解	0.2	0.2	0.6	0.1

2.5　扩展知识

2.5.1　数值比较器

在数字电路中，用于比较两个二进制数 A 和 B 数值大小的逻辑电路称为数值比较器。下面首先讨论 1 位数值比较器，然后讨论多位数值比较器。

1.1 位数值比较器

当两个 1 位二进制数 A 和 B 比较时，其结果有 3 种情况，即 $A<B$、$A=B$、$A>B$，比较结果分别用 M、G 和 L 表示。设 $A<B$ 时，$M=1$；$A=B$ 时，$G=1$；$A>B$ 时，$L=1$，由此可得 1 位数值比较器的真值表，如表 2-32 所示。

表 2-32　一位数值比较器的真值表

A	B	M	G	L
0	0	0	1	0
0	1	1	0	0
1	0	0	0	1
1	1	0	1	0

根据真值表 2-32 可以写出逻辑函数表达式：

$$\begin{cases} M = \overline{A}B \\ G = \overline{A}\,\overline{B} + AB = \overline{\overline{A}B + A\overline{B}} \\ L = A\overline{B} \end{cases} \quad （2\text{-}37）$$

根据式（2-37）可以画出 1 位数值比较器的逻辑图，如图 2-55 所示。

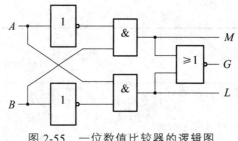

图 2-55　一位数值比较器的逻辑图

2. 多位数值比较器

如果比较两个多位二进制数，必须逐位比较，使用多位数值比较器。下面以 4 位数值比较器为例说明其工作原理。

设两个 4 位二进制数为 $A = A_3 A_2 A_1 A_0$，$B = B_3 B_2 B_1 B_0$，因此 4 位数值比较器有 8 个数值输入信号。同样，A 与 B 的比较有三种结果：大于、等于、小于，对应的 3 个输出信号分别为 $Y_{A>B}$、$Y_{A=B}$ 和 $Y_{A<B}$。

（1）如果 $A>B$，则必须使 $A_3 > B_3$；或者 $A_3 = B_3$ 且 $A_2 > B_2$；或者 $A_3 = B_3$，$A_2 = B_2$ 且 $A_1 > B_1$；或者 $A_3 = B_3$，$A_2 = B_2$，$A_1 = B_1$ 且 $A_0 > B_0$。

设 A，B 的第 i 位（$i = 0$，1，2，3）二进制数的比较结果用 L_i（大于）、G_i（等于）、M_i（小于）表示，则

$$Y_{A>B} = L_3 + G_3 L_2 + G_3 G_2 L_1 + G_3 G_2 G_1 L_0 \quad\quad (2\text{-}38)$$

（2）如果 $A = B$，则必须使 $A_3 = B_3$，$A_2 = B_2$，$A_1 = B_1$ 且 $A_0 = B_0$，所以

$$Y_{A=B} = G_3 G_2 G_1 G_0 \quad\quad (2\text{-}39)$$

（3）如果 $A<B$，则必须使 $A_3 < B_3$；或者 $A_3 = B_3$ 且 $A_2 < B_2$；或者 $A_3 = B_3$，$A_2 = B_2$ 且 $A_1 < B_1$；或者 $A_3 = B_3$，$A_2 = B_2$，$A_1 = B_1$ 且 $A_0 < B_0$，则

$$Y_{A<B} = M_3 + G_3 M_2 + G_3 G_2 M_1 + G_3 G_2 G_1 M_0 \quad\quad (2\text{-}40)$$

另外，也可以由排除法推导出：如果 A 不大于且不等于 B，则 $A<B$，由此得出

$$Y_{A<B} = \overline{Y}_{A>B} \cdot \overline{Y}_{A=B} = \overline{Y_{A>B} + Y_{A=B}} \quad\quad (2\text{-}41)$$

由式（2-37）可得 L_i、G_i、M_i 的表达式

$$\begin{cases} L_i = A_i \overline{B_i} \\ G_i = \overline{A_i \overline{B_i}} + A_i B_i = \overline{\overline{A_i} B_i + A_i \overline{B_i}} \\ M_i = \overline{A_i} B_i \end{cases} \quad\quad (2\text{-}42)$$

根据式（2-38）、式（2-39）、式（2-40）和图 2-48 可以画出 4 位数值比较器的逻辑图，如图 2-56 所示。图中 1 位数值比较器是按照式（2-42）得出的，与图 2-55 相同。

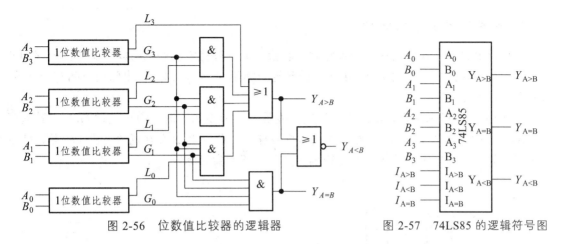

图 2-56 位数值比较器的逻辑器   图 2-57 74LS85 的逻辑符号图

4 位数值比较器的典型集成电路是 74LS85，其逻辑符号如图 2-57 所示。$I_{A>B}$、$I_{A<B}$、$I_{A=B}$ 是扩展端，用于芯片之间的扩展连接。只比较两个 4 位二进制数时，将 $I_{A>B}$ 接低电平，同时将 $I_{A<B}$、$I_{A=B}$ 接高电平。74LS85 的功能如表 2-33 所示。

表 2-33 74LS85 的功能表

A_3B_3	A_2B_2	A_1B_1	A_0B_0	$I_{A>B}$	$I_{A<B}$	$I_{A=B}$	$Y_{A>B}$	$Y_{A<B}$	$Y_{A=B}$
$A_3>B_3$	×	×	×	×	×	×	1	0	0
$A_3<B_3$	×	×	×	×	×	×	0	1	0
$A_3 = B_3$	$A_2>B_2$	×	×	×	×	×	1	0	0
$A_3 = B_3$	$A_2<B_2$	×	×	×	×	×	0	1	0
$A_3 = B_3$	$A_2 = B_2$	$A_1>B_1$	×	×	×	×	1	0	0
$A_3 = B_3$	$A_2 = B_2$	$A_1<B_1$	×	×	×	×	0	1	0
$A_3 = B_3$	$A_2 = B_2$	$A_1 = B_1$	$A_0>B_0$	×	×	×	1	0	0
$A_3 = B_3$	$A_2 = B_2$	$A_1 = B_1$	$A_0<B_0$	×	×	×	0	1	0
$A_3 = B_3$	$A_2 = B_2$	$A_1 = B_1$	$A_0 = B_0$	1	0	0	1	0	0
$A_3 = B_3$	$A_2 = B_2$	$A_1 = B_1$	$A_0 = B_0$	0	1	0	0	1	0
$A_3 = B_3$	$A_2 = B_2$	$A_1 = B_1$	$A_0 = B_0$	×	×	1	0	0	1
$A_3 = B_3$	$A_2 = B_2$	$A_1 = B_1$	$A_0 = B_0$	0	0	0	1	1	0
$A_3 = B_3$	$A_2 = B_2$	$A_1 = B_1$	$A_0 = B_0$	1	1	0	0	0	0

2.5.2 组合逻辑电路中的竞争冒险现象

前面在分析和设计组合逻辑电路时，讨论的都是电路的逻辑输出和输入处于稳定的状态下的情况。而组合电路实际应用时，由于门电路传输延迟的影响，会导致在某些情况下，电路的输出端产生错误信号，从而造成逻辑关系的混乱，出现竞争冒险现象，使电路无法正常工作。

1. 竞争冒险现象的概念

在组合电路中，当电路从一种稳定状态转换到另一种稳定状态的瞬间，某个门电路的两个输入信号同时向相反方向变化，由于传输延迟时间不同，所以到达输出门的时间有先有后，这种现象称为竞争。

图 2-58（a）所示的组合电路中，当输入变量 A 由 0 变为 1 时，由于经过 G_1 门的传输延迟，G_2 门的两个输入信号 A、B 会向相反方向变化，因此 A 和 B 存在竞争。由于竞争，使电路的逻辑关系受到短暂的破坏，并在输出端产生极窄的尖峰脉冲。

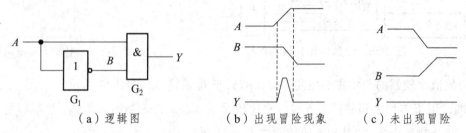

（a）逻辑图　　　　（b）出现冒险现象　　　（c）未出现冒险

图 2-58　组合电路中的竞争冒险现象

由于输出 $Y = A \cdot B = A \cdot \overline{A} = 0$，即输出应恒为 0。但由于存在门电路的传输延迟时间，B 的变化落后于 A 的变化。当 A 已由 0 变为 1，而 B 尚未由 1 变为 0 时，在输出端 Y 就产生一个瞬间的正尖峰脉冲，如图 2-58（b）所示。这个尖峰脉冲会对后面电路造成干扰。

在图 2-58（c）中，当 A 已由 1 变为 0，而 B 尚未由 0 变为 1 时，输出端 Y 仍为 0，符合电路逻辑关系，不会产生尖峰脉冲。

【提示】 有竞争现象时，不一定都会产生尖峰脉冲。

在"与"门和"或"门组成的复杂数字系统中，由于输入信号经过不同途径到达输出门，设计时往往难以准确知道信号到达的先后次序，以及门电路两个输入端在上升时间和下降时间产生的细微差别，都会存在竞争现象。这种由于竞争而在输出端可能出现违背稳态下逻辑关系的尖峰脉冲现象叫作冒险。

2. 竞争冒险现象的判断

判断组合电路中是否存在竞争冒险现象有以下几种方法。

1）代数法

逻辑电路中存在竞争就可能产生冒险，这可以从逻辑函数表达式的结构来判断。经分析得知，若输出逻辑函数表达式在一定条件下最终能化简为 $Y = A + \overline{A}$ 或 $Y = A \cdot \overline{A}$ 的形式时，则可能有竞争冒险出现。例如，有两个逻辑函数：$Y_1 = AB + \overline{A}C$，$Y_2 = (A+B)(\overline{B}+C)$。显然，函数 Y_1 在 $B = C = 1$ 时，$Y_1 = A + \overline{A}$。因此，按此逻辑函数实现的组合电路会出现竞争冒险现象。同理，当 $A = C = 0$ 时，$Y_2 = B \cdot \overline{B}$，所以此函数也存在竞争冒险。

【例 2-12】 用代数法判断逻辑函数 $Y = (\overline{A}+B)(A+C)(B+\overline{C})$ 是否存在竞争冒险情况。

解：变量 A 和 C 存在原变量和反变量，具有竞争能力，冒险判断如表 2-34 所示。

表 2-34　例 2-12 的冒险判断

A 变量			C 变量		
B	C	Y	A	B	Y
0	0	$A\overline{A}$	0	0	$C\overline{C}$
0	1	0	0	1	C
1	0	A	1	0	0
1	1	1	1	1	1

由表 2-34 可以看出，当 $B = C = 0$ 时，$Y = A\overline{A}$；$A = B = 0$ 时，$Y = C\overline{C}$，所以 A、C 变量分别可能产生冒险。

2）卡诺图法

在用卡诺图法化简逻辑函数时，为了使逻辑函数最简而画的包围圈中，若有两个包围圈之间相切而不交，则在相邻处也可能存在竞争冒险。

将上述逻辑函数 Y_1 和 Y_2 用卡诺图表示，如图 2-59 所示。Y_1 是最简"与或"式，两个包围圈在和处相切，Y_2 是"或与"式（画 0 的包围圈再取反），两包围圈在 B 和 $\overline{B}$ 处相切。所以 Y_1 和 Y_2 都存在竞争冒险。

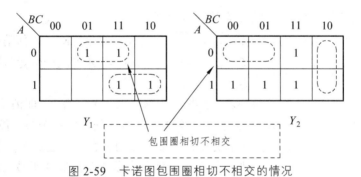

图 2-59　卡诺图包围圈相切不相交的情况

【例 2-13】用卡诺图法判断函数 $Y_1 = AB\overline{C} + \overline{A}B\overline{C} + \overline{A}BCD + \overline{A}BC\overline{D}$、$Y_2 = B\overline{C} + \overline{A}CD + \overline{A}B\overline{C}$ 是否存在冒险情况。

解：绘制函数的卡诺图，如图 2-60 所示。

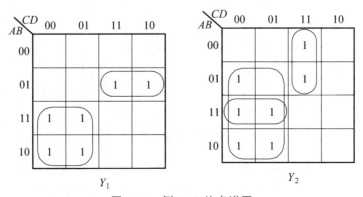

图 2-60　例 2-13 的卡诺图

在图 2-60 所示的卡诺图上，按卡诺图化简法绘制包围圈。可以判断，Y_1 的包围圈不相切，无冒险。Y_2 的包围圈 $\overline{A}CD$ 与 $B\overline{C}$ 相切，相切处 $B=D=1$，$A=0$，此时变量 C 变化时可能产生冒险。

3）计算机仿真方法

用计算机仿真判断组合逻辑电路的竞争冒险也是一种可行的方法。目前有多种计算机电路仿真软件，将设计好的逻辑电路通过仿真软件，可以观察到输出有无竞争冒险。

4）实验法

用实验手段检查冒险，即在逻辑电路中的输入端加入信号所有可能的组合状态，用逻辑分析仪或示波器，捕捉输出端可能产生的冒险现象。实验法检查的结果是最终的结果，这种方法是检验电路是否存在冒险现象的最有效、最可靠的方法。

3. 竞争冒险现象的消除

当组合逻辑电路存在着竞争冒险时，会对电路的正常工作造成威胁。因此，必须设法予以消除。常采用以下几种方法消除竞争冒险。

1）修改逻辑设计

（1）在逻辑表达式中添加多余项来消除竞争冒险。

【例 2-14】 判断逻辑函数 $Y = AC + \overline{A}B + \overline{A}C$ 是否存在竞争冒险，如何消除？

解：分析 Y 的表达式可知，当 $B=C=1$ 时，$Y = A + \overline{A}$，A 可能产生竞争冒险。而 C 虽然具有竞争能力，但始终不会产生冒险。

若在逻辑表达式中增加多余项 BC，则当 $B=C=1$ 时，Y 恒为 1，即消除了竞争冒险。

Y 的卡诺图如图 2-61 所示。添加多余项意味着在相切处多画一个包围圈 BC，使相切变为相交，从而消除了竞争冒险。为了简化电路，多余项通常会被舍去。但在图 2-57 中，为了保证逻辑电路能够可靠工作，又需要添加多余项消除竞争冒险。这说明最简的设计并不一定是最可靠的设计。

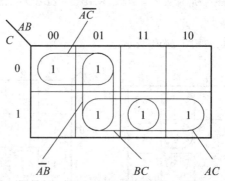

图 2-61　添加多余项消除竞争冒险

（2）对逻辑表达式进行逻辑变换，以消掉互补变量。

【例 2-15】 试消除逻辑函数 $Y = (\overline{A} + \overline{C})(A + B)(B + C)$ 中的竞争冒险。

解：对逻辑表达式进行变换得

$$Y = (\overline{A} + \overline{C})(A + B)(B + C)$$
$$= \overline{A}B + AB\overline{C} + B\overline{C} + \overline{A}BC \qquad\qquad (2\text{-}43)$$
$$= \overline{A}B + B\overline{C}$$

在上述逻辑变换过程中，消去了表达式中隐含的 $A \cdot \overline{A}$ 和 $C \cdot \overline{C}$ 项，所以由表达式 $\overline{A}B + B\overline{C}$ 确定的逻辑电路就不会出现竞争冒险了。

修改逻辑设计的方法简便，但局限性大，不适合于输入变量较多及较复杂的电路。

2）加滤波电容

由于冒险现象产生的尖峰脉冲一般都很窄，所以如果组合逻辑电路在较慢的速度下工作，只要在逻辑电路的输出端并联一个很小的滤波电容（容量为 4 ~ 20 pF），就可以把尖峰脉冲的幅度削弱至门电路的阈值以下，使输出端不会出现逻辑错误。

加入小电容滤波的方法简单易行，但输出电压波形边沿会随之变形，仅适合于对输出波形前、后沿要求不高的电路。

3）引入选通脉冲

在组合逻辑电路中引入选通脉冲信号，使电路在输入信号变化时处于禁止状态，待输入信号稳定后，令选通脉冲信号有效，使电路输出正常结果。这样可以有效地消除任何竞争冒险。图 2-62 所示电路就是利用选通脉冲信号消除竞争冒险的一个例子。此电路输出信号的有效时间与选通脉冲信号的宽度相同。

引入选通脉冲的方法简单且不需要增加电路元件，但要求选通脉冲与输入信号同步，而且对选通脉冲的宽度、极性、作用时间均有严格要求。

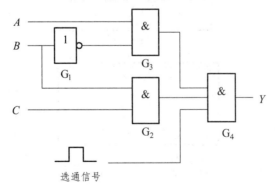

图 2-62　利用选通脉冲信号消除竞争冒险的电路

思考与练习

1. 填空题

（1）8 线-3 线编码器有_____个输入，_____位二进制代码输出；10 线-4 线编码器有_____个输入，_____位二进制代码输出。

（2）将十进制的10个数码0~9编成二进制代码的逻辑电路称为_____编码器。

（3）将给定的二进制代码翻译成相应的输出信号或另一种形式代码的逻辑电路称为_____。

（4）二-十进制译码器的功能是将输入的 8421BCD 码 _____翻译成10个十进制代码的输出信号。它有_____个输入端，_____个输出端。

（5）LED 主要用于显示_____和_____，LCD 可以显示_____、_____、和_____等。

（6）数据选择器又称为_____，它是多输入单输出的组合逻辑电路。其作用是通过选择，把多个通道的数据传送到唯一的公共数据通道中去。

（7）74LS153 是常用的_____选_____集成数据选择器，它有_____个地址输入端_____，可选择_____共 4 个数据源。

（8）74LS151 是常用的_____选_____集成数据选择器，它有_____个地址输入端_____，可选择_____共 8 个数据源。

2. 分析图

（1）为了使74LS138的第10引脚输出为低电平，请标出各输入端的逻辑电平（见图2-63）。

（2）已知 74LS138 译码器和门电路构成图 2-63 所示电路，试写出电路的输出 Y_1 和 Y_2 的逻辑表达式。

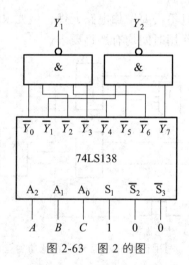

图 2-63　图 2 的图

（3）用 3 线-8 线译码器 74LS138 配合必要的门电路实现下列逻辑函数。

① $Y(A,B,C) = ABC + \overline{A}(B+C)$

② $Y(A,B,C) = AB + BC$

③ $Y(A,B,C,D) = ABC + A\overline{C}D$

④ $Y(A,B,C) = A\overline{B} + AC$

（4）分别用 74LS151 和 74LS153 实现下列函数（添加必要的逻辑门电路）。

① $Y(A,B,C) = \overline{B}C + AC$

② $Y(A,B,C) = \sum m(0,1,5,6)$

③ $Y(A,B,C) = \sum m(2,3,5,7)$

项目3 4人抢答器的设计与实现

3.1 项目内容

3.1.1 项目简介

许多竞赛或娱乐节目中，都有抢答的环节，如何确定抢答者的先后顺序，靠主持人较难把握。抢答器电路就可以很好地解决有关抢答的先后问题。

本项目设计一个具有记忆功能的4人抢答器电路。完成功能：

（1）抢答器可以同时供4位选手进行抢答，分别由4个逻辑开关控制。

（2）抢答器设置一个系统清除和抢答控制开关，由主持人控制。

（3）锁定先抢答选手对应的LED灯，直到主持人将系统清除为止。

4人抢答器的总体设计流程如图3-1所示。

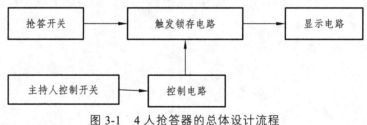

图3-1 4人抢答器的总体设计流程

3.1.2 项目目标

项目目标如表3-1所示。

表3-1 项目3的项目目标表

序号	类别	目标
1	知识目标	（1）掌握RS触发器、JK触发器、D触发器、T触发器和T′触发器的逻辑符号、逻辑功能、触发方式和工作特点； （2）理解不同逻辑功能触发器的相互转换
2	技能目标	（1）能用门电路搭建基本RS触发器； （2）能仿真分析集成边沿D、JK触发器功能及应用； （3）能选用触发器集成电路芯片，并能按照逻辑电路图搭建实际电路；

序号	类别	目标
2	技能目标	（4）能用 Multisim12 仿真软件进行触发器应用电路的仿真分析； （5）能用万用表、示波器等电子设备对电路进行调试与检测； （6）能完成 4 人抢答器的 CDIO 4 个环节
3	素养目标	（1）学生的自主学习能力、沟通能力及团队协作精神； （2）良好的职业道德； （3）质量、安全、环保意识

3.2　必备知识

在数字电路系统中，除了广泛采用集成逻辑门电路及由它们构成的组合逻辑电路之外，还经常采用触发器，以及由触发器与各种门电路一起组成的时序逻辑电路。其中，触发器是时序逻辑电路的基本单元电路。

触发器有两个基本特性：一是它有两个稳定状态，可分别用来表示二进制数码 0 和 1；二是在输入信号作用下，触发器的两个稳定状态可相互转换，输入信号消失后，已转换的稳定状态可长期保持下来，这就使得触发器能够记忆二进制信息，常用作二进制存储单元。所以，触发器是一个具有记忆功能的基本逻辑电路，有着广泛的应用。不同的触发器具有不同的逻辑功能，在电路结构和触发方式方面也有不同的种类。根据电路功能，触发器可分为 RS 触发器、JK 触发器、D 触发器和 T 触发器。

3.2.1　RS 触发器

1. 基本 RS 触发器

基本 RS 触发器也称为 RS 触发器，是各种触发器中最简单、最基本的组成部分。

1）电路组成

基本 RS 触发器又称为置 0、置 1 触发器。它由两个与非门 G_1、G_2 的输入端和输出端首尾相连构成，如图 3-2（a）所示。$\overline{R}$、$\overline{S}$ 是两个输入端，$\overline{R}$（Reset）称为置 0 端，$\overline{S}$（Set）称为置 1 端。Q、$\overline{Q}$ 是两个互补的输出端。通常把 Q 端的状态定义为触发器的状态，即 $Q = 1$ 时，称触发器处于 1 态，简称为 1 态；$Q = 0$ 时，称触发器处于 0 态，简称为 0 态。$\overline{R}$、$\overline{S}$ 文字符号上的非号"—"和输入端上的"小圆圈"均表示这种触发器的触发信号是低电平有效。基本 RS 触发器的逻辑符号如图 3-2（b）所示。

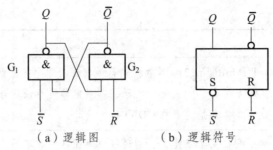

（a）逻辑图　　　　　（b）逻辑符号

图 3-2　基本 RS 触发器

2）逻辑功能分析

触发器有两个输出状态，即 0 态和 1 态，在输入信号 $\overline{R}$ 和 $\overline{S}$ 的作用下，可进行状态转换。

（1）$\overline{R}=\overline{S}=1$。

若初始状态 $Q=1$，$\overline{Q}=0$，因为 $\overline{R}=1$，$Q=1$，G_2 门输入端全为 1，则 G_2 门的输出为 $\overline{Q}=0$。G_1 门输入端有 0，其输出保持为 $Q=1$。若初始状态 $Q=0$，$\overline{Q}=1$，因为 $\overline{R}=1$，$Q=0$，G_2 门输入端有 0，则 G_2 门的输出为 $\overline{Q}=1$。G_1 门输入端 $\overline{S}=1$，$\overline{Q}=1$，全为 1，其输出保持为 $Q=0$。可见，在这种情况下，触发器的输出状态保持不变。

（2）$\overline{R}=0$，$\overline{S}=1$。

$\overline{R}=0$ 使 G_2 门的输出 $\overline{Q}=1$，而 $\overline{S}=1$ 和 $\overline{Q}=1$ 使 G_1 门的输出 $Q=0$，这时触发器的输出端被置为 0 态。

（3）$\overline{R}=1$，$\overline{S}=0$。

$\overline{S}=0$ 使 G_1 门的输出 $Q=1$，而 $\overline{R}=1$ 和 $Q=1$ 使 G_2 门的输出 $\overline{Q}=0$，这时触发器的输出端被置为 1 态。

（4）$\overline{R}=\overline{S}=0$。

这种情况下，G_1 和 G_2 门的输入端均有低电平输入，则 $Q=\overline{Q}=1$，这对触发器来说是一种不正常状态。首先，它不符合触发器输出端的互补关系。其次，当输入的低电平同时撤销时（即 $\overline{R}$、$\overline{S}$ 同时由 0 变为 1 时），则触发器输出的新状态会由于两个门 G_1、G_2 延时时间的不同和当时所受外界干扰不同等因素而无法判定，即会出现不定状态。这是不允许的，应尽量避免。

综上所述，基本 RS 触发器的功能真值表如表 3-2 所示。

表 3-2　基本 RS 触发器的功能真值表

$\overline{R}$	$\overline{S}$	Q^n	Q^{n+1}	说明
0 0	0 0	0 1	× ×	触发器状态不定
0 0	1 1	0 1	0 0	触发器置 0
1 1	0 0	0 1	1 1	触发器置 1
1 1	1 1	0 1	0 1	触发器保持原状态 不变

表 3-2 中"×"表示触发器输出状态不确定，Q^n 表示触发器输入信号变化前的状态，称为现态或初态，Q^{n+1} 表示触发器输入信号变化后的状态，称为次态。

为方便记忆，该功能真值表可表示为如表 3-3 所示的形式。

表 3-3 功能真值表简化图

$\overline{R}$	$\overline{S}$	Q^{n+1}	$\overline{Q^{n+1}}$	功能说明
1	1	Q^n	$\overline{Q^n}$	保持
0	1	0	1	置 0
1	0	1	0	置 1
0	0	1	1	不定

在触发器的工作过程中，使触发器状态改变的输入信号称为触发信号，触发器状态的改变称为翻转。基本 RS 触发器的触发信号是电平信号，这种触发方式称为电平触发方式。基本 RS 触发器输入、输出关系也可以用波形图表示，如图 3-3 所示。

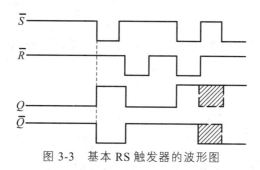

图 3-3 基本 RS 触发器的波形图

图中，虚线或阴影表示触发器处于不定状态。

【例 3-1】 使用 RS 触发器构成无抖动开关。

用 RS 触发器构成的无抖动开关和普通机械开关的比较如图 3-4 所示。普通机械开关在扳动的过程中，一般都存在接触抖动，在几十毫秒的时间里连续产生多个脉冲，如图 3-4（a）（b）所示，这在数字系统中会造成电路的误动作，是绝对不允许的。为了克服电压抖动，可在电源和输出端之间接入一个基本 RS 触发器，单刀双掷开关使触发器工作于置 0 或置 1 状态，使输出端产生一次性的阶跃电压，如图 3-4（c）（d）所示，这种无抖动开关称为逻辑开关。

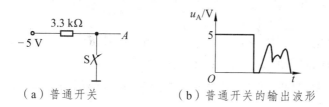

（a）普通开关　　　　　　（b）普通开关的输出波形

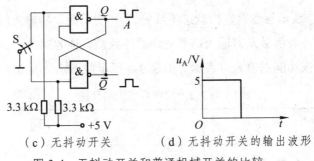

（c）无抖动开关　　　　（d）无抖动开关的输出波形

图 3-4　无抖动开关和普通机械开关的比较

2. 同步 RS 触发器

前面介绍的基本 RS 触发器的触发方式为逻辑电平直接触发，即触发器的状态翻转与否由输入信号直接控制。但是在实际应用中，通常要求触发器的状态翻转在统一的时间控制下完成，为此，需要在输入端设置一个控制端。控制端引入的信号称为同步信号，也称为时钟脉冲信号，简称为时钟信号，用 CP（Clock Pulse）表示。这种触发器称为同步触发器，它属于时钟触发器。

1）电路组成

同步 RS 触发器的逻辑电路图如图 3-5（a）所示，曾用的逻辑符号和国际逻辑符号分别如图 3-5（b）（c）所示。

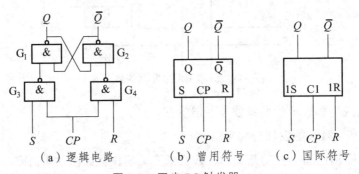

（a）逻辑电路　　　（b）曾用符号　　　（c）国际符号

图 3-5　同步 RS 触发器

同步 RS 触发器输入端有两种：一是决定其输出状态的数据信号输入端 R 和 S，二是决定其动作时间的时钟脉冲，即 CP 输入端。

2）逻辑功能分析

当 $CP = 0$（低电平）时，G_3、G_4 门关闭，输入信号不起作用，触发器状态不变，处于保持状态。

当 $CP = 1$（高电平）时，G_3、G_4 门开启，输入信号 R、S 反相后被送至基本 RS 触发器的输入端，触发器的状态取决于 R、S 的状态变化。

结合基本 RS 触发器的功能真值表可得同步 RS 触发器的功能真值表，如表 3-4 所示。

表 3-4　同步 RS 触发器的功能真值表（$CP = 1$）

S	R	Q^n	Q^{n+1}	功能说明
0	0	0	0	保持
0	0	1	1	
0	1	0	0	置 0
0	1	1	0	
1	0	0	1	置 1
1	0	1	1	
1	1	0	×	不定
1	1	1	×	

为方便记忆，该功能真值表可表示为如表 3-5 所示的形式。

表 3-5　功能真值表简化图（$CP = 1$）

S	R	Q^{n+1}	$\overline{Q^{n+1}}$	功能说明
0	0	Q^n	$\overline{Q^n}$	保持
0	1	0	1	置 0
1	0	1	0	置 1
1	1	1	1	不定

同步 RS 触发器输入、输出关系还可以用波形图表示，如图 3-6 所示。

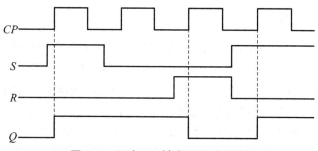

图 3-6　同步 RS 触发器的波形图

由上述可知，同步 RS 触发器的触发方式为电平触发方式，只有在 $CP = 1$ 时（高电平有效），触发器的状态才由输入信号 R 和 S 来决定。

由表 3-5 所示的逻辑功能真值表可以求出同步 RS 触发器的逻辑表达式：

$$Q^{n+1} = S + \overline{R}Q^n$$

由于应避免触发器的不确定状态，因而触发器的约束条件是 S、R 不能同时为 1。根据上

述分析，同步 RS 触发器的逻辑功能可用表达式表示为

$$\begin{cases} Q^{n+1} = S + \overline{R}Q^n \quad (CP = 1有效) \\ SR = 0 \end{cases} \tag{3-1}$$

式（3-1）称为同步 RS 触发器的特性方程。

3）同步触发器的空翻问题

时序逻辑电路增加时钟脉冲的目的是为了统一电路动作的节拍。对触发器而言，在一个时钟脉冲作用下，要求触发器的状态只翻转一次。而对于同步触发器在一个时钟脉冲作用下（即 $CP = 1$ 期间），如果输入信号 R、S 多次发生变化，则可能引起输出端 Q 状态翻转两次或两次以上，时钟失去控制作用，这种现象称为空翻，如图 3-7 所示。要避免空翻现象，就要求在时钟脉冲作用期间，输入信号 R、S 不能发生变化。另外，要求 CP 的脉宽不能太大，显然，这种要求是较为苛刻的。

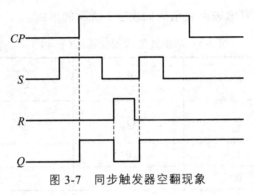

图 3-7　同步触发器空翻现象

由于同步触发器存在空翻问题，限制了其在实际工作中的作用。为了克服此问题，对触发器电路做进一步改进，从而产生了主从型、边沿型等各类触发器。

3. 主从 RS 触发器

为了提高触发器工作的可靠性，希望在时钟脉冲 CP 的每个周期里，输出端的状态只能改变一次。为此，在同步 RS 触发器的基础上又有了主从结构触发器。主从 RS 触发器由两级同步 RS 触发器构成：其中一级接收输入信号，其状态直接由输入控制信号决定，称为主触发器；另一级的输入与主触发器的输出连接，其状态由主触发器的状态决定，称为从触发器。主从 RS 触发器的逻辑电路图和逻辑符号如图 3-8 所示，两个触发器的逻辑功能和同步 RS 触发器的逻辑功能完全相同，时钟脉冲 CP 为互补时钟，两级触发器的时钟信号互补，从而有效地克服了空翻。

1）电路结构

由主从 RS 触发器的逻辑电路图可看出，它是由两个同步 RS 触发器串联组成的。门 G 的作用是将时钟脉冲 CP 反相为 $\overline{CP}$，使主从两个触发器分别工作在 CP 的两个不同的时区内。图 3-8（b）所示逻辑符号框内的"¬"为延迟输出的符号，它表示触发器输出状态的变化滞后于主触发器接收信号的时刻。

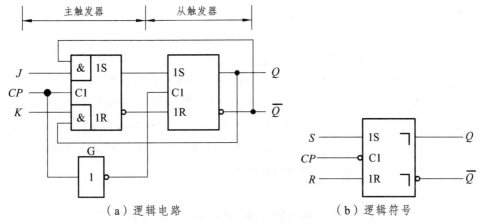

（a）逻辑电路　　　　　　　　（b）逻辑符号

图 3-8　主从 RS 触发器的逻辑电路图和逻辑符号

2）工作原理

主从 RS 触发器的触发翻转分为两个过程，具体如下。

（1）当 $CP=1$，$\overline{CP}=0$ 时。

从触发器被封锁，保持原状态不变。此时，主触发器工作，接收 R 和 S 端的输入信号，有如下方程。

$$\begin{cases} Q_M{}^{n+1} = S + \overline{R}Q_M{}^n \quad （CP=1\text{期间}) \\ SR = 0 \end{cases} \tag{3-2}$$

（2）当 CP 由 1 跃变为 0 时，即 $CP=0$，$\overline{CP}=1$。

主触发器被封锁，输入信号 R 和 S 不再改变主触发器的状态。而这时，由于 $\overline{CP}=1$，从触发器接收主触发器输出端的状态。在 $CP=0$ 期间，由于主触发器保持状态不变。所以，受其控制的从触发器的状态 Q 和 $\overline{Q}$ 的值不变，可以得出如下特性方程。

$$\begin{cases} Q^{n+1} = S + \overline{R}Q^n \quad （CP\text{从1跃变为0}) \\ SR = 0 \end{cases} \tag{3-3}$$

由上述分析可知，主从 RS 触发器的翻转是在 CP 从 1 变为 0 时（CP 下降沿）发生的，CP 一旦变为 0 后，主触发器被封锁，其状态不再受输入信号 R 和 S 的影响，所以主从触发器只在 CP 从 1 变为 0 的时刻触发翻转，所以不会有空翻现象。但其仍然存在着约束条件问题，即在 $CP=1$ 期间，输入信号 R 和 S 不能同时为 1。

4. 触发器逻辑功能表示方法

1）术语和符号

（1）时钟脉冲 CP：同步脉冲信号。

（2）数据输入端：又称为控制输入端，RS 触发器的数据输入端是 R 和 S。

（3）初态 Q^n：某个时钟脉冲作用前触发器的状态，即老状态，也称为"现态"。

（4）次态 Q^{n+1}：某个时钟脉冲作用后触发器的状态，即新状态。

2）触发器逻辑功能的表示方法

（1）状态表。

状态表以表格的形式表示在一定的控制输入条件下，时钟脉冲 CP 作用前后，初态向次态的转换规律，称为状态转换真值表，简称为状态表，也称为功能真值表。

以同步 RS 触发器为例，因触发器的次态 Q^{n+1} 与初态 Q^n 有关，所以将初态作为次态的一个输入逻辑变量，那么，同步 RS 触发器的 Q^{n+1} 与 R、S、Q^n 间的逻辑关系可用表 3-4 表示。表 3-4 中，当 $R=S=1$ 时，无论 Q^n 状态如何，在正常工作情况下是不允许出现的，所以在对应输出 Q^{n+1} 用"×"表示，化简时作为约束项处理。

（2）特性方程。

特性方程是以方程的形式表示在时钟脉冲 CP 作用下，次态 Q^{n+1} 与初态 Q^n 及控制输入信号间的逻辑函数关系。

结合功能真值表 3-4 可以画出同步 RS 触发器的次态 Q^{n+1} 的卡诺图，如图 3-9 所示，化简可得同步 RS 触发器的特性方程为

$$\begin{cases} Q^{n+1} = S + \overline{R}Q^n & （CP=1有效） \\ SR = 0 & （约束条件） \end{cases}$$

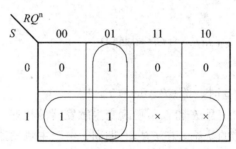

图 3-9　RS 触发器的次态 Q^{n+1} 卡诺图

（3）激励表。

激励表以表格的形式表示在时钟脉冲 CP 作用下，为实现一定的状态转换（由初态 Q^n 到次态 Q^{n+1}），应施加怎样的控制输入条件。同步 RS 触发器的激励表可由表 3-4 转换而来，如表 3-6 所示。

表 3-6　同步 RS 触发器的激励表

Q^n	$\rightarrow$	Q^{n+1}	R	S
0		0	×	0
0		1	0	1
1		0	1	0
1		1	0	×

（4）状态图。

状态图是以图形的形式表示在时钟脉冲 CP 作用下，状态变化与控制输入之间的关系，

又称为状态转换图。图 3-10 为同步 RS 触发器的状态转换图。

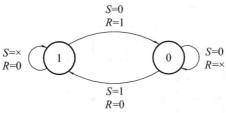

图 3-10　同步 RS 触发器的状态转换图

（5）时序图。

时序图指的是反映时钟脉冲 CP、控制输入及触发器状态 Q 对应关系的工作波形图，它能够清楚地表明时钟脉冲信号 CP 与控制输入信号之间的即时控制关系。如图 3-11 所示为同步 RS 触发器的时序图。

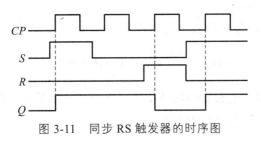

图 3-11　同步 RS 触发器的时序图

3.2.2　JK 触发器

主从 RS 触发器的信号输入端 $S = R = 1$ 时，触发器的新状态不能确定。由于不能预计在这种情况下触发器的次态是什么，应避免出现这种情况。这一因素限制了 RS 触发器的实际应用，JK 触发器解决了这一问题。本节通过分析 JK 触发器的逻辑功能，学习掌握 JK 触发器的性能、特点，为后续应用电路的设计做准备。

1. 主从 JK 触发器

JK 触发器是数字电路触发器的一种基本电路单元。JK 触发器具有置 0、置 1、保持和翻转功能。在各类集成触发器中，JK 触发器的功能最为齐全。在实际应用中，它不仅有很强的通用性，而且能灵活地转换成其他类型的触发器。JK 触发器是一种多功能触发器，在实际中应用很广。

主从 JK 触发器是在主从 RS 触发器的基础上改进而来的，在使用中没有约束条件。主从 JK 触发器的逻辑图和逻辑符号如图 3-12 所示。

由图 3-12（a）可知，当 $CP = 1$ 时，主触发器工作，R 和 S 的逻辑表示式为

$$\begin{cases} R = KQ^n \\ S = J\overline{Q^n} \end{cases} \tag{3-4}$$

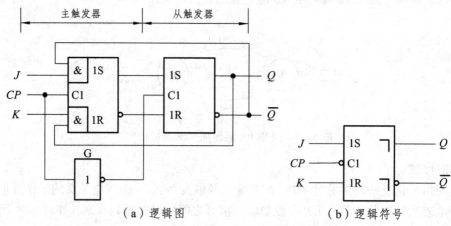

（a）逻辑图   （b）逻辑符号

图 3-12　主从 JK 触发器的逻辑图和逻辑符号

将上式代入主从 RS 触发器的特性方程式（3-2）中，得主触发器的特性方程为

$$Q_M^{n+1} = S + \overline{R}Q_M^n = J\overline{Q^n} + \overline{K}Q^n Q^n = J\overline{Q^n} + \overline{K}Q^n \tag{3-5}$$

当 CP 从 1 变为 0 时，主触发器保持原状态不变，从触发器工作，并跟随主触发器状态变化。所以主从 JK 触发器的特性方程为

$$Q^{n+1} = J\overline{Q^n} + \overline{K}Q^n \tag{3-6}$$

把 R 和 S 的表达式代入约束条件中得到：$SR = J\overline{Q^n} \cdot KQ^n = 0$。这说明主从 JK 触发器克服了 R 和 S 不能同时为 1 的约束条件。

主从 JK 触发器的特性功能表如表 3-7 所示，状态转换图和时序图分别如图 3-13 和 3-14 所示。

表 3-7　主从 JK 触发器的特性功能表

J	K	Q^n	Q^{n+1}	功能说明
0	0	0	0	保持
0	0	1	0	
0	1	0	0	置0
0	1	1	0	
1	0	0	1	置1
1	0	1	1	
1	1	0	1	翻转
1	1	1	0	

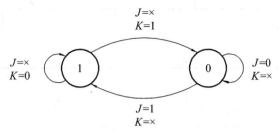

图 3-13　主从 JK 触发器状态转换图

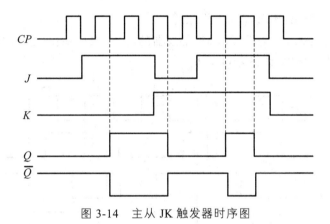

图 3-14　主从 JK 触发器时序图

2. 边沿 JK 触发器

为了提高触发器的抗干扰能力，增强电路工作的可靠性，常要求触发器状态的翻转只取决于时钟脉冲的上升沿或下降沿前一瞬间输入信号的状态，而与其他时刻的输入信号状态无关。边沿触发器可以有效地解决这个问题。

边沿触发器不仅将触发器的触发翻转控制在 CP 触发沿到来的一瞬间，而且将接收输入信号的时间也控制在 CP 触发沿到来的前一瞬间，从而大大提高了触发器工作的可靠性和抗干扰能力。它没有空翻现象。边沿触发器可分为正边沿触发器（时钟脉冲 CP 的上升沿触发）和负边沿触发器（时钟脉冲 CP 的下降沿触发）两类。

1）边沿 JK 触发器的逻辑功能

边沿型 JK 触发器的状态转换真值表、状态转换图及激励表与主从 JK 触发器完全一致，只不过在画工作波形图时，不用考虑一次变化现象。图 3-15（a）所示是下降沿触发的边沿 JK 触发器的逻辑符号，J 和 K 是信号输入端，框内 "∧" 的下边加小圆圈表示触发器是在时钟脉冲 CP 的下降沿触发。图 3-15（b）所示是上升沿触发的边沿 JK 触发器的逻辑符号，J 和 K 是信号输入端，框内 "∧" 表示触发器是在时钟脉冲 CP 的上升沿触发。

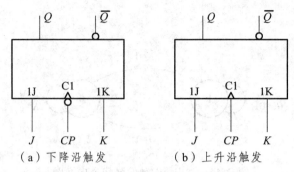

（a）下降沿触发　　　　　　（b）上升沿触发

图 3-15　边沿 JK 触发器的逻辑符号

下面举例说明边沿 JK 触发器的工作原理。

【例 3-2】　图 3-16 所示为下降沿 JK 触发器的 CP、J、K 端的输入波形，试画出输出端 Q 的波形。设触发器的初始状态为 $Q = 0$。

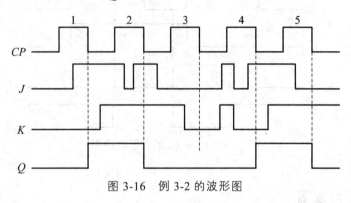

图 3-16　例 3-2 的波形图

解：

第 1 个时钟脉冲 CP 下降沿到达时，由于 $J = 1$、$K = 0$，所以在 CP 下降沿的作用下，触发器由 0 状态翻到 1 状态，$Q^{n+1} = 1$。

第 2 个时钟脉冲 CP 下降沿到达时，由于 $J = K = 1$，触发器由 1 状态翻到 0 状态，$Q^{n+1} = 0$。

第 3 个时钟脉冲 CP 下降沿到达时，由于 $J = K = 0$，这时，触发器保持原来的 0 状态不变，$Q^{n+1} = 0$。

第 4 个时钟脉冲 CP 下降沿到达时，由于 $J = 1$、$K = 0$，触发器由 0 状态翻到 1 状态，$Q^{n+1} = 1$。

第 5 个时钟脉冲 CP 下降沿到达时，由于 $J = 0$、$K = 1$，使触发器由 1 状态再翻到 0 状态。

由例 3-2 的分析可得下列结论。

（1）下降沿 JK 触发器是用时钟脉冲 CP 的下降沿触发，这时电路才会接收 J、K 端的输入信号并改变状态。而在 CP 为其他值时，不管 J、K 端为何值，触发器的状态都不会改变。

（2）在一个时钟脉冲 CP 作用时间内，只有一个下降沿，电路只能改变一次状态。所以边沿触发器电路没有空翻现象。

2）集成边沿 JK 触发器 74LS76

集成 JK 触发器的产品较多，以下介绍一种较典型的 TTL 双 JK 触发器 74LS76。该触发器内含有两个相同的 JK 触发器，它们都带有预置和清零输入端，属于下降沿触发器，其逻辑符号和引脚图如图 3-17 所示。如果在一片集成芯片中有多个触发器，通常在符号前面（或后面）加上数字，以表示不同触发器的输入、输出信号，比如 $C1$ 和 $1J$、$1K$ 同属于一个触发器。74LS76 的逻辑功能表如表 3-8 所示。

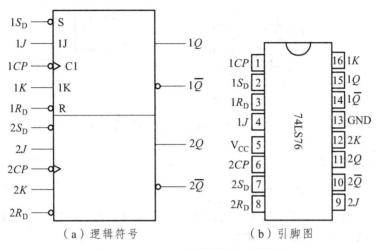

图 3-17 74LS76 逻辑符号和引脚图

表 3-8 74LS76 的逻辑功能表

输入					输出		功能说明
$\overline{R_D}$	$\overline{S_D}$	J	K	CP	Q^{n+1}	$\overline{Q}^{n+1}$	
0	1	×	×	×	0	1	异步置 0
1	0	×	×	×	1	0	异步置 1
1	1	0	0	↓	Q^n	$\overline{Q}^n$	保持
1	1	0	1	↓	0	1	置 0
1	1	1	0	↓	1	0	置 1
1	1	1	1	↓	$\overline{Q}^n$	Q^n	计数
1	1	×	×	1	Q^n	$\overline{Q}^n$	保持
0	0	×	×	×	1	1	不允许

3.2.3 D 触发器

在讨论同步 RS 触发器的时候，我们注意到一个问题，那就是同步 RS 触发器的 R 和 S 不能同时为 1。为了避免同步 RS 触发器出现 R、S 同时为 1 的情况，可在 R 和 S 之间接入一个非门，如图 3-18 所示，这样就构成了单输入的触发器，这种触发器称为 D 触发器。本节通过分析 D 触发器逻辑功能的方式，学习掌握 D 触发器的性能、特点，为后续应用电路的设计做准备。

D 触发器根据结构的不同可分为同步 D 触发器和边沿触发 D 触发器。无论哪种结构的 D

触发器，其逻辑功能都是相同的，只是触发的条件不同而已。

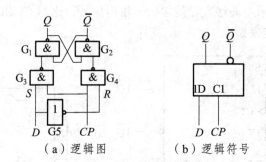

（a）逻辑图　　　　　（b）逻辑符号

图 3-18　D 触发器的逻辑图和逻辑符号

1. 同步 D 触发器

1）同步 D 触发器的逻辑功能

为了解决同步 RS 触发器中输入端约束问题，可对同步 RS 触发器进行改进。如图 3-18 所示为同步 D 触发器的逻辑图和逻辑符号。

同步 D 触发器中 R 和 S 的逻辑表示式为

$$\begin{cases} R = \overline{D} \\ S = D \end{cases} \tag{3-7}$$

将式（3-7）代入同步 RS 触发器的特性方程式（3-1）中，得同步 D 触发器的特性方程为

$$Q^{n+1} = S + \overline{R}Q^n = D + \overline{\overline{D}}Q^n = D \qquad (CP=1\text{期间有效}) \tag{3-8}$$

同步 D 触发器的逻辑功能是：当 CP 由 0 变为 1 时，触发器的状态翻转到和 D 的状态相同；当 CP 由 1 变为 0 时，触发器的状态保持原状态不变。同步 D 触发器的逻辑功能如表 3-9 所示。

表 3-9　D 触发器的逻辑功能

D	Q^{n+1}	功能说明
0	0	输出与 D 相同
1	1	

同步 D 触发器的状态转换图如图 3-19 所示。

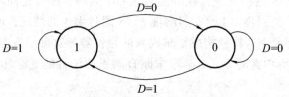

图 3-19　D 触发器的状态转换图

2）同步 D 触发器的空翻

同步 D 触发器仍然存在同步触发器的空翻问题，图 3-20 所示为同步 D 触发器的空翻波形。空翻是一种有害现象，它使得时序逻辑电路不能按时钟节拍工作，造成系统的误动作。为了克服此问题，对同步 D 触发器电路做进一步改进，从而产生了边沿型 D 触发器。

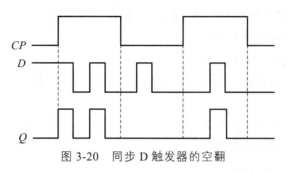

图 3-20　同步 D 触发器的空翻

2. 边沿触发 D 触发器

1）边沿触发 D 触发器的逻辑功能

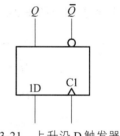

图 3-21　上升沿 D 触发器的逻辑符号

图 3-21 所示为边沿 D 触发器的逻辑符号，D 是信号输入端，框内"∧"表示由时钟脉冲 CP 上升沿触发，边沿 D 触发器也称为维持-阻塞边沿 D 触发器。它的逻辑功能与同步 D 触发器相同，因此它们的逻辑功能表和特性方程也是相同的。

下面举例说明边沿触发器的工作情况。

【例 3-3】图 3-22 所示为上升沿 D 触发器的 CP 和 D 端的输入波形，试画出输出端 Q 和 $\overline{Q}$ 的波形，设触发器的初始状态为 $Q = 0$。

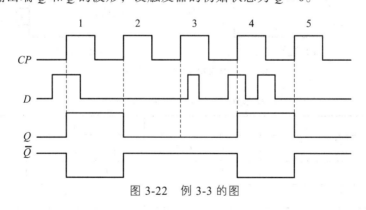

图 3-22　例 3-3 的图

解：

第 1 个时钟脉冲 CP 上升沿到达时，由于 $D = 1$，所以在 CP 上升沿的作用下，触发器由 0 状态翻到 1 状态，$Q^{n+1} = 1$。而在 $CP = 1$ 期间，D 端输入信号尽管由 1 变为 0，但触发器的输出状态不会改变，仍保持 1 状态不变。

第 2 个时钟脉冲 CP 上升沿到达时，由于 $D = 0$，触发器由 1 状态翻到 0 状态，$Q^{n+1} = 0$。

第 3 个时钟脉冲 CP 上升沿到达时, 由于 $D=0$, 触发器保持原来的 0 状态不变, $Q^{n+1}=0$。在 $CP=1$ 期间, 尽管 D 端出现了一个正脉冲, 但触发器的状态不会改变。

第 4 个时钟脉冲 CP 上升沿到达时, 由于 $D=1$, 触发器由 0 状态翻到 1 状态, $Q^{n+1}=1$。在 $CP=1$ 期间, 尽管 D 端出现了一个负脉冲, 但触发器的状态同样不会改变。

第 5 个时钟脉冲 CP 上升沿到达时, 由于 $D=0$, 使触发器由 1 状态再翻到 0 状态, $Q^{n+1}=0$。

由例 3-3 的分析可得下列结论。

（1）边沿触发器接收的是时钟脉冲 CP 的某一约定边沿（本例是上升沿）到来时的输入信号。在 $CP=1$、$CP=0$ 期间, 以及 CP 非约定边沿到来时, 触发器不接收信号, 所以触发器的状态不会改变。

（2）在一个时钟脉冲 CP 作用时间内, 只有一个约定边沿（本例是上升沿）, 电路状态只能改变一次。因此, 它没有空翻现象。

2）集成边沿 D 触发器 74LS74

集成边沿 D 触发器 74LS74 芯片是由两个独立的上升沿触发的 D 触发器组成, 其逻辑符号和引脚图如图 3-23 所示, 逻辑功能表如表 3-10 所示。

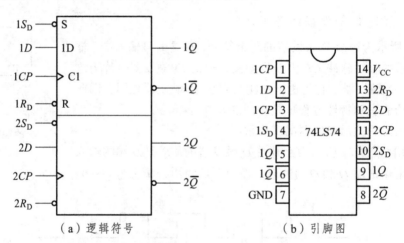

（a）逻辑符号　　　　　（b）引脚图

图 3-23　74LS74 的逻辑符号和引脚图

表 3-10　74LS74 的逻辑功能表

输入				输出		功能说明
$\overline{R_D}$	$\overline{S_D}$	D	CP	Q^{n+1}	$\overline{Q^{n+1}}$	
0	1	×	×	0	1	异步置 0
1	0	×	×	1	0	异步置 1
1	1	1	↑	1	0	置 0
1	1	0	↑	0	1	置 1
1	1	×	0/1/↓	Q^n	$\overline{Q^n}$	保持
0	0	×	×	1	1	不允许

3.2.4 技能实训

1. RS 触发器逻辑功能的仿真分析

1）实训目的

（1）掌握 RS 触发器的逻辑功能及分析方法。

（2）熟悉仿真软件 Multisim12 的使用。

2）实训器材（见表 3-11）

表 3-11 实训器材

实训器材	计算机	Multisim12	其他
数量	1 台	1 套	—

3）实训原理及操作

（1）分析由与非门组成的基本 RS 触发器的逻辑功能。

① 按图 3-24 所示电路图连线，用 LED 灯作为输出指示。

② 自行设计功能真值表并填入测试结果。

③ 查找集成电路 74LS00 的引脚图及逻辑功能的有关资料。

（2）测试集成 RS 触发器芯片 74LS279 的逻辑功能。

① 按图 3-25 所示电路图连线，用 LED 灯作为输出指示。

② 自行设计功能真值表并填入测试结果。

③ 查找集成电路 74LS279 的引脚图及逻辑功能的有关资料。

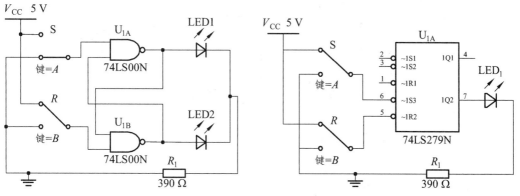

图 3-24　由 74LS00 构成的 RS 触发器电路图　　图 3-25　74LS279 触发器逻辑功能测试电路

4）注意事项

仿真实训过程中要重点体会 RS 触发器置 0 和置 1 的概念。

2．JK 触发器逻辑功能的仿真分析

1）实训目的

（1）掌握集成 JK 触发器 74LS76 的逻辑功能及分析方法。

（2）熟悉仿真软件 Multisim12 的使用。

2）实训器材（见表 3-12）

表 3-12　实训器材

实训器材	计算机	Multisim12	其他
数量	1 台	1 套	—

3）实训原理及操作

（1）按图 3-26 所示电路图连线，用 LED 灯作为输出指示。

（2）仿真分析。

① 异步置 0 端 CLR 和置 1 端 PR 都是低电平有效。

② JK 触发器正常工作的前提是异步置 0 端 CLR 和置 1 端 PR 都必须接高电平。

（3）测试数据。

自行设计逻辑功能真值表并填入测试数据，参照表 3-8。

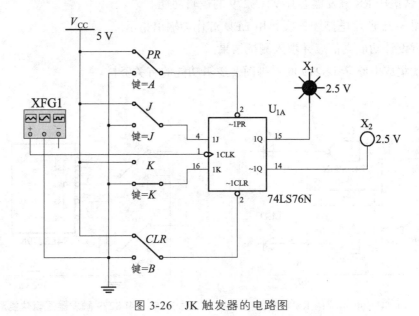

图 3-26　JK 触发器的电路图

4）注意事项

本例仅以 JK 触发器为例进行了仿真分析的介绍，其他触发器的仿真分析也可以参照该方式进行。

3. D 触发器构成的灯光控制器电路

1）实训目的

（1）掌握 D 触发器转换为 T′触发器的方法。

（2）掌握采用仿真软件 Multisim12 分析简单分频电路和灯光控制器电路的方法。

2）实训器材（见表 3-13）

表 3-13 实训器材

实训器材	计算机	Multisim12	其他
数量	1 台	1 套	—

3）实训原理及操作

（1）D 触发器转换为 T′触发器。

T′触发器特性方程为 $Q^{n+1} = \overline{Q^n}$

D 触发器转换为 T′触发器的特性方程为 $Q^{n+1} = D = \overline{Q^n}$，其逻辑图如图 3-27 所示。

（2）仿真分析分频电路。

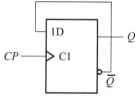

图 3-27 D 触发器转换为 T′触发器

根据 D 触发器转换为 T′触发器的逻辑图，在 Multisim12 中创建分频电路，如图 3-28 所示，分频电路的波形如图 3-29 所示。

由图 3-29 可知，1Q、2Q、3Q、4Q 波形的周期分别是时钟脉冲周期的 2、4、8、16 倍，它们的频率分别是时钟脉冲频率的 1/2、1/4、1/8、1/16。所以 1Q、2Q、3Q 和 4Q 分别是 2 分频电路、4 分频电路、8 分频电路和 16 分频电路。

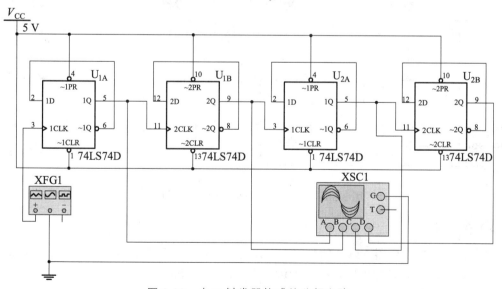

图 3-28 由 D 触发器构成的分频电路

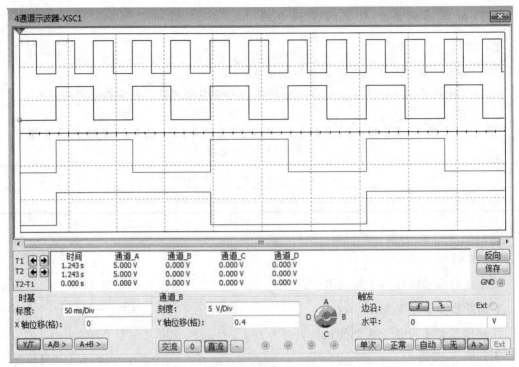

图 3-29　由 D 触发器构成的分频电路波形

（3）仿真分析灯光控制器电路。

将上述电路的输出端接上显示器件，经过分频电路就构成了灯光变化快慢不一样、但有规律的多路灯光控制电路，其仿真电路如图 3-30 所示。

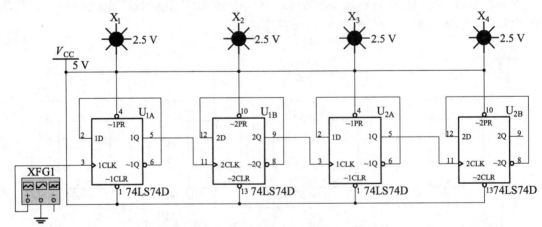

图 3-30　由 D 触发器构成的灯光控制电路

4）注意事项

（1）信号函数发生器 XFG1 的频率不宜设置得太高，否则灯光闪烁太快，不易观察。

（2）显示器件有多种可以选择，本仿真中使用的是 PROBE（发光指示）器件。若采用 LED 灯，需考虑限流电阻问题。

3.3　项目实施

3.3.1　构思（Conceive）——设计方案

4 人抢答器电路中，逻辑开关 1、2、3、4 为 4 路抢答选手操作开关，任何一人先将对应开关向下拨动，则与其对应的 LED 灯被点亮，表示此人抢答成功；而紧随其后的其他开关再向下拨动均视为无效，LED 灯仍保持第一个开关拨动时所对应的状态不变。逻辑开关 5 为主持人控制的复位操作开关，向下拨动时抢答器电路清零，向上拨动时则允许抢答。

4 人抢答器电路的结构图如图 3-31 所示。

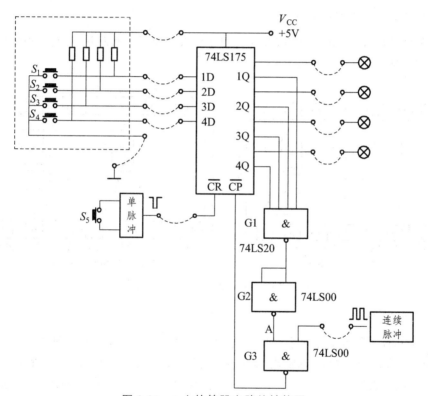

图 3-31　4 人抢答器电路的结构图

3.3.2　设计（Design）——设计与仿真

1. 电路设计

1）74LS175 的介绍

74LS175 是一个内含有 4 个上升触发的 D 触发器，4 个触发器的输入端分别是 D_1, D_2, D_3, D_4，输出端为 Q_1、$\overline{Q_1}$，Q_2、$\overline{Q_2}$，Q_3、$\overline{Q_3}$，Q_4、$\overline{Q_4}$。4 个 D 触发器具有共同的时钟端 CP 和公共的清除端 $\overline{R_D}$。其芯片引脚图如图 3-32 所示。

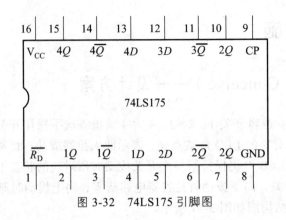

图 3-32 74LS175 引脚图

2）74LS20 和 74LS00 的介绍

74LS20 为双 4 输入与非门，74LS00 为四 2 输入与非门，其芯片引脚图如图 3-33 所示。相关知识请查阅项目 2。

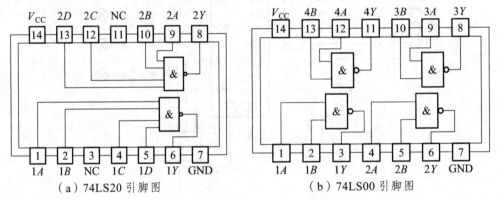

（a）74LS20 引脚图　　　　　（b）74LS00 引脚图

图 3-33　74LS20 和 74LS00 引脚图

3）工作原理分析

74LS175 具有公共置 0 端和公共时钟脉冲 CP 端，抢答之前的准备阶段，由主持人先向下拨动复位开关 S_5，74LS175 的输出 $Q_1 \sim Q_4$ 全变为 0，清除了原有信号，所有 LED 灯均熄灭，主持人再向上拨动复位开关 S_5，宣布"抢答开始"后，首先做出判断的选手立即按下开关，对应的 LED 灯点亮，同时封锁门 74LS00 送出信号，锁住其余三个选手的电路，不再接受其他信号，直到主持人再次清除信号为止。

电路的工作过程如下。

（1）准备期间。

主持人向下拨动复位开关 S_5，将电路清零（即 $\overline{R_D} = 0$），74LS175 的输出端 $Q_1 \sim Q_4$ 均为低电平，所有 LED 灯熄灭；同时 $\overline{Q_1 Q_2 Q_3 Q_4} = 1111$，$G_1$ 门输出为低电平，G_3 门（称为封锁门）的输入端 A 为高电平，G_3 门打开使触发器 74LS175 获得时钟脉冲信号，电路处于允许抢答状态。

（2）开始抢答。

主持人再向上拨动复位开关 S_5，宣布"抢答开始"后，首先做出判断的选手立即向下拨动开关，对应的 LED 灯点亮，同时 G_1 门输出为高电平经 G_2 门反相后，G_3 门（称为封锁门）的输入端 A 为低电平，G_3 门关闭，使脉冲源（1 kHz 信号）被封锁，于是触发器的输入时钟脉冲 $CP = 1$（无脉冲信号）。此时 74LS175 的输出保持原来的状态不变，其他选手再向下拨动开关也不起作用。直到主持人再次清除信号为止。4 人抢答器的波形图如图 3-34 所示。

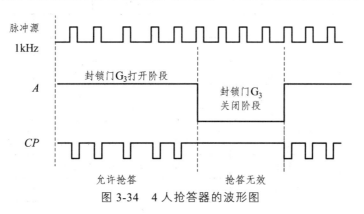

图 3-34　4 人抢答器的波形图

输入端 A 高电平阶段为封锁门 G_3 打开阶段，这时允许抢答，A 低电平阶段为封锁门 G_3 封锁阶段，此时抢答无效。

2. 电路仿真

4 人抢答器的电路仿真图如图 3-35 所示。

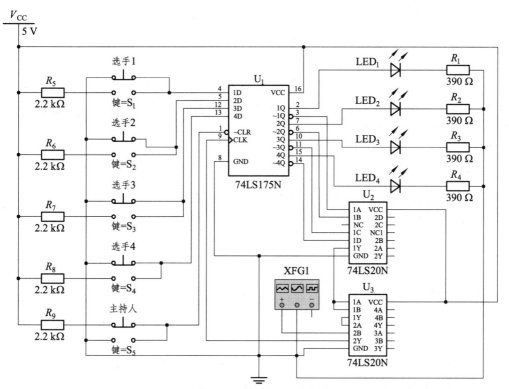

图 3-35　4 人抢答器的电路仿真图

3.3.3 实现（Implement）——组装与调试

4 人抢答器电路元器件参数及功能如表 3-14 所示。

表 3-14　4 人抢答器电路元器件参数

序号	数量	元器件代号	名称	型号	功能
1	5	$S_1 \sim S_5$	轻触开关		电路的通或断
2	4	$R_1 \sim R_4$	电阻	390 Ω	限流分压
3	5	$R_5 \sim R_9$	电阻	2.2 kΩ	限流分压
4	1	U_1	74LS175	SN74LS175N	四 D 触发器
5	1	U_2	74LS20	SN74LS20N	4 输入与非运算
6	1	U_3	74LS00	SN74LS00N	2 输入与非运算
7	4	$LED_1 \sim LED_4$	发光二极管		指示输出

1. 制作工具与仪器设备

（1）电路焊接工具：电烙铁（20 ~ 35 W）、烙铁架、焊锡丝、松香。

（2）其他工具：剥线钳、平口钳、螺丝刀、镊子。

（3）测试仪器仪表：万用表、示波器。

2. 元件的检测

LED 发光二极管和集成电路的检测方法请参考 1.3.3。

3. 焊　接

电路安装过程中，一定要注意集成 IC 芯片的引脚与底座接触良好，引脚不能弯曲或折断。LED 发光二极管的正、负极不能接反。

4. 组装调试

（1）准备好万能板或 PCB 板、连接线和所有元器件。

（2）布局合理，正确连接电路。

（3）调试电路。

3.3.4 运行（Operate）——测试与分析

1. 断电测试与分析

（1）焊接完成后，需要检查各个焊点的质量，检查有无虚焊、漏焊情况。

（2）对照原理图，审查各个元件是否与图纸相对应。

（3）检查电源正负极是否有短路情况。

（4）测试各点连接情况。使用万用表二极管档，根据原理图从信号输入到信号输出，检查各个焊点是否导通（焊接是否完成，有无虚焊现象）。

（5）检查元器件有无倾斜情况。

2. 上电测试与分析

上电之前用万用表测试输出端的电压是否正确，上电后注意观察各元件是否有发热、冒烟等情况（如有应及时断电并仔细检查），若一切正常，方可测试输出 LED 灯的发光情况。

列出 4 人抢答器电路的逻辑功能表，如表 3-15 所示。

表 3-15 4人抢答器电路的逻辑功能表

输入					输出			
S_1	S_2	S_3	S_4	S_5	LED_1	LED_2	LED_3	LED_4
×	×	×	×	0	0	0	0	0
×	×	×	1	1	0	0	0	1
×	×	1	×	1	0	0	1	0
×	1	×	×	1	0	1	0	0
1	×	×	×	1	1	0	0	0

特别说明：

（1）表 3-15 中，S_4 为 1，$S_1 \sim S_3$ 为随意值"×"时，代表的是 S_4 开关最先向下拨动；S_3 为 1，S_1、S_2 和 S_4 为随意值"×"时，代表的是 S_3 开关最先向下拨动，其他以此类推。

（2）依照表 3-15 的顺序分别把 $S_1 \sim S_4$ 这 4 个开关连接为通或断（向下拨动表示 1，向上拨动表示 0），S_5 开关连接为通或断（向下拨动表示 0，向上拨动表示 1），观察发光二极管的情况，如果对应发光二极管亮说明抢答成功，否则抢答失败。

（3）如果测试结果跟表 3-15 完全一样，说明电路制作成功。

思考：选手抢答成功时能否用数码管显示参赛者的编号（1、2、3、4）？如果可以，如何实现？

3.4 项目总结与评价

3.4.1 项目总结

（1）触发器是数字逻辑电路的基本单元电路，一般定义 Q 端的状态为触发器的输出状态，它有 0 和 1 两个稳定的工作状态。当没有外加信号作用时，触发器维持原来的稳定状态不变，在一定外加信号作用下，可以从一个稳定状态变为另一个稳定状态。触发器可以存储二进制数据。

（2）触发器的种类很多，按逻辑功能的不同可分为 RS 触发器、JK 触发器、D 触发器、T 触发器和 T'触发器等，按触发方式的不同可分为电平触发、主从触发和边沿触发等。

（3）RS 触发器是一个基本的触发器，JK 触发器和 D 触发器是两个应用较多的触发器，学习时要掌握它们的逻辑功能。请大家牢记：触发器的翻转条件是由触发输入和时钟脉冲 CP 共同决定的，即当时钟脉冲 CP 作用时触发器有可能翻转，而是否翻转和如何翻转则取决于触发器的输入。触发器的逻辑功能可用状态表、激励表、特性方程、状态图和时序图来表示。

① RS 触发器和 JK 触发器的逻辑功能，如表 3-16 所示。

表 3-16　RS 触发器和 JK 触发器逻辑功能表

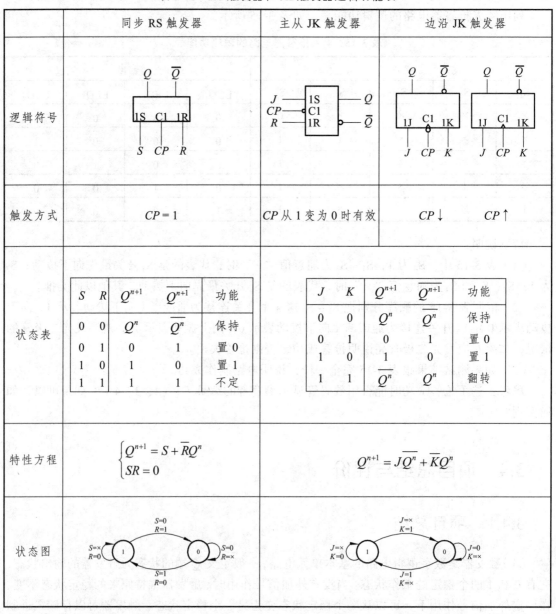

② D 触发器逻辑功能，如表 3-17 所示。

表 3-17 D 触发器逻辑功能表

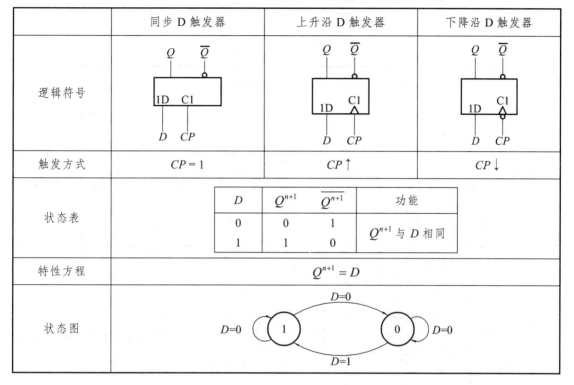

	同步 D 触发器	上升沿 D 触发器	下降沿 D 触发器
逻辑符号			
触发方式	$CP = 1$	$CP\uparrow$	$CP\downarrow$
状态表			
特性方程	$Q^{n+1} = D$		
状态图			

状态表内容:

D	Q^{n+1}	$\overline{Q^{n+1}}$	功能
0	0	1	Q^{n+1} 与 D 相同
1	1	0	

（4）目前，各种触发器大多通过集成电路来实现。对这类集成电路的内部情况不必十分关心，因为学习数字电路的目的不是设计集成电路的内部电路。学习时，只需将集成电路触发器视为一个整体，掌握它所具有的逻辑功能、特点等外部特性，能够合理选择、正确使用各类集成触发器就可以了。

3.4.2　任务评价

1．评价内容

（1）演示的结果。

（2）性能指标。

（3）是否文明操作、遵守企业和实训室管理规定。

（4）项目制作调试过程中是否有独到的方法或见解。

（5）是否能与组员（同学）团结协作。

2．评价要求

（1）评价要客观公正。

（2）评价要全面细致。

（3）评价要认真负责。

3. 项目评价表

本项目评价表如表 3-18 所示。

表 3-18　项目评价表

评价要素	评价标准	评价依据	评价方式			权重
			个人	小组	教师	
职业素质	（1）能文明操作、遵守企业和实训室管理规定； （2）能与其他组员团结协作； （3）能按时并积极主动完成学习和工作任务； （4）能遵守纪律，服从管理	（1）工具的摆放规范； （2）仪器仪表的使用规范； （3）工作台的整理； （4）工作任务页的填写规范； （5）平时表现； （6）学生制作的作品	0.3	0.3	0.4	0.3
专业能力	（1）能够按照流程规范作业； （2）能够充分理解 4 人抢答器的电路组成及工作原理； （3）能够完成电路的 CDIO 4 个环节； （4）能选择合适的仪器仪表进行调试； （5）能够对 CDIO 4 个环节的工作进行评价与总结	（1）操作规范； （2）专业理论知识,包括习题、项目技术总结报告、演示、答辩； （3）专业技能,包括仿真分析、完成的作品和制作调试报告	0.1	0.2	0.7	0.6
创新能力	（1）在项目分析中提出自己的见解； （2）对项目教学提出建议或意见，具有创新性； （3）自己完成测试方案制定，设计合理	（1）提出创新的观念； （2）提出的意见和建议被认可； （3）好的方法被采用； （4）在所写项目报告中有独特的见解	0.2	0.2	0.6	0.1

3.5　扩展知识

3.5.1　T 触发器和 T′触发器

1. T 触发器

在数字电路中，凡在时钟脉冲 CP 控制下，根据输入信号 T 取值的不同，具有保持和翻转功能的电路，即当 $T=0$ 时保持原状态不变（ $Q^{n+1}=Q^n$ ）， $T=1$ 时输出状态翻转（ $Q^{n+1}=\overline{Q^n}$ ）的电路，都称为 T 触发器，其逻辑符号如图 3-36 所示。图中 S_D 和 R_D 分别是预置 1 端和预置 0 端。

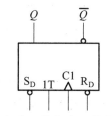 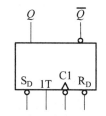

（a）上升沿触发的T触发器　　（b）下降沿触发的T触发器

图 3-36　T触发器逻辑符号

T 触发器的逻辑功能是：$T = 1$ 时，每来一个 CP 脉冲，触发器的状态翻转一次，为计数工作状态；$T = 0$ 时，保持原状态不变，即该触发器具有可控制计数功能。表 3-19 为 T 触发器的状态表。

表 3-19　T 触发器的逻辑功能真值表

输入				输出		功能说明
S_D	R_D	CP	T	Q^{n+1}	$\overline{Q^{n+1}}$	
0	1	×	×	1	0	预置1
1	0	×	×	0	1	预置0
1	1	↑（↓）	1	$\overline{Q^n}$	Q^n	计数状态
1	1	↑（↓）	0	Q^n	$\overline{Q^n}$	保持
1	1	↓（↑）0/1	×			

2. T'触发器

若将 T 触发器的输入端 T 接成固定高电平"1"，则 T 触发器就变成了翻转型触发器或计数型触发器，每来一个 CP 脉冲，触发器的状态就翻转一次，即：$Q^{n+1} = \overline{Q^n}$，这样的触发器也被称为 T'触发器。T'触发器的逻辑符号如图 3-37 所示，逻辑功能表如表 3-20 所示。

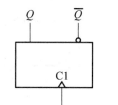 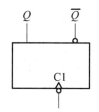

（a）上升沿触发的 T'触发器　　（b）下降沿触发的 T'触发器

图 3-37　T'触发器逻辑符号

表 3- 20　T′触发器的逻辑功能真值表

输入	输出		功能说明
CP	Q^{n+1}	$\overline{Q^{n+1}}$	计数状态
↑（↓）	$\overline{Q^n}$	Q^n	

实际应用的触发器电路中不存在 T 触发器和 T′触发器，而是由其他功能的触发器转换而来。

3. 不同类型触发器间的相互转换

1）D 触发器构成 T 触发器和 T′触发器

将 D 触发器转换成 T 触发器和 T′触发器的接线图如图 3-38 所示。

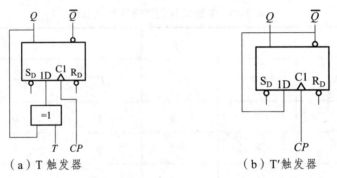

（a）T 触发器　　　　　（b）T′触发器

图 3-38　D 触发器转换成 T 触发器和 T′触发器

由图 3-38（a）可以写出 T 触发的特性方程：

$$Q^{n+1} = D = T\overline{Q^n} + \overline{T}Q^n = T \oplus Q^n$$

由图 3-38（b）可以写出 T′触发的特性方程：

$$Q^{n+1} = D = \overline{Q^n}$$

2）JK 触发器构成 T 触发器和 T′触发器

将 JK 触发器转换成 T 触发器和 T′触发器的接线图如图 3-39 所示。

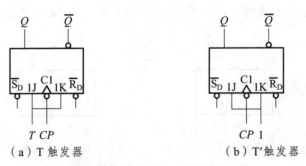

（a）T 触发器　　　　　（b）T′触发器

图 3-39　JK 触发器转换成 T 触发器和 T′触发器

由图 3-39（a）可以写出 T 触发的特性方程：

$$Q^{n+1} = J\overline{Q^n} + \overline{K}Q^n = T\overline{Q^n} + \overline{T}Q^n = T \oplus Q^n$$

由图 3-39（b）可以写出 T'触发的特性方程：

$$Q^{n+1} = J\overline{Q^n} + \overline{K}Q^n = \overline{Q^n}$$

3.5.2 触发器的应用电路

1. 分频电路

由前面分析可知，T'触发器在 CP 脉冲作用下具有翻转功能，因此可以用来组成分频电路，由 JK 触发器组成的分频电路及其波形图如图 3-40 所示。由波形图可以看出，输出 Q_1 波形的周期为输入时钟脉冲 CP 的 4 倍，频率为 CP 的 1/4。所以图 3-40 所示的电路为四分频电路。

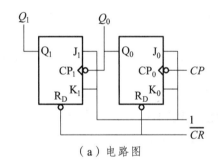

（a）电路图

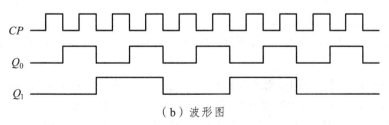

（b）波形图

图 3-40 由 JK 触发器组成的分频电路图及波形图

2. RS 触发器用作寄存器

如果需要一个寄存器来存储用于表示一天中某一特定时间的二进制数（ $2^3 2^2 2^1 2^0$ ），当该时间到来时，瞬时温度的限制开关变为高电平。电路实现如图 3-41 所示。因为要存储 4 位二进制，所以需要 4 个 RS 触发器。观察输出端 Q，可以读取存储值。

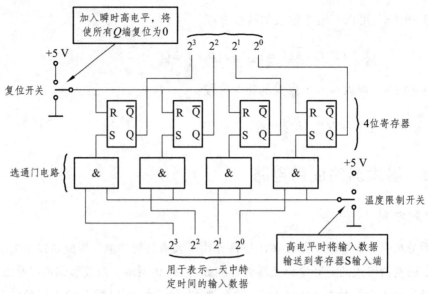

图 3-41 RS 触发器搭建的 4 位寄存器

讨论：如果电路运行在错误状态下（如忘记复位或多个温度开关同时闭合），讨论可能发生的情况。

思考与练习

1. 填空题

（1）按数字电路逻辑功能，触发器可分为_____、_____、_____和_____。

（2）JK 触发器的特性方程为_____，D 触发器的特性方程为_____。

（3）设 JK 触发器的初态 $Q^n = 1$，若令 $J = 1$、$K = 0$，则 $Q^{n+1} =$ _____；若令 $J = 1$，$K = 1$，则 $Q^{n+1} =$ _____。

（4）设 D 触发器的初态 $Q^n = 0$，若令 $D = 0$，则 $Q^{n+1} =$ _____；若令 $D = 1$，则 $Q^{n+1} =$ _____。

（5）在 $CP = 1$ 期间，若同步触发器的输入信号发生变化，则 Q 的状态也将随之变化。即在 $CP = 1$ 期间，Q 的状态可能发生几次翻转，这种现象称为触发器的_____。

（6）在 CP 控制下，凡是每来一个 CP 脉冲，触发器的状态就翻转一次的触发器称为____触发器。

（7）一个 N 进制计数器也可以称为_____分频器。

2. 画图题

（1）与基本 RS 触发器相比，同步 RS 触发器有什么特点？假设 CP、R、S 的波形如图 3-42 所示，试画出同步 RS 触发器 Q 的波形。

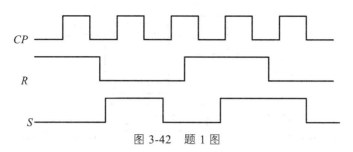

图 3-42 题 1 图

（2）触发器及 *CP*、*J*、*K* 的波形如图 3-43 所示，试画出 Q、$\overline{Q}$ 的波形。

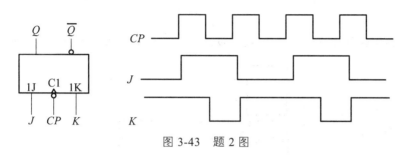

图 3-43 题 2 图

（3）触发器及 *CP*、*D* 的波形如图 3-44 所示，试画出 Q、$\overline{Q}$ 的波形。

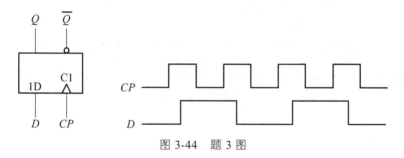

图 3-44 题 3 图

（4）将图 3-45 所示波形加在以下触发器上，试画出触发器输出端 Q 的波形（假设初态为 0）。

① 上升沿 D 触发器。

② 下降沿 D 触发器。

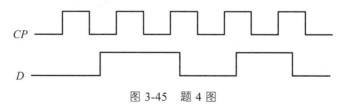

图 3-45 题 4 图

（5）电路如图 3-46 所示，已知 *CP* 端和 *A* 端的波形，设 D 触发器的初态 $Q = 0$，试画出 *D* 和 *Q* 的波形。

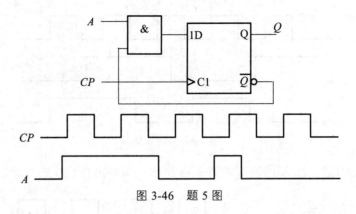

图 3-46 题 5 图

（6）触发器电路如图 3-47 所示，设触发器的初态 $Q=0$，试画出 Q_1，Q_2 的输出波形。

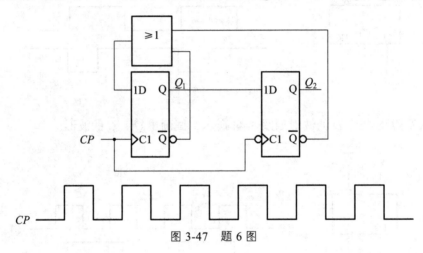

图 3-47 题 6 图

项目 4　数字电子钟的设计与实现

4.1　项目内容

4.1.1　项目简介

数字电子钟是一种采用数字电子技术实现"时""分""秒"数字显示的计时装置。与机械式时钟相比，数字电子钟具有走时准确、性能稳定、携带方便、无机械装置、使用寿命更长等优点，不仅可以用于家用计时，还可用于机场、车站、码头、体育场等人员众多的公共场所，给人们提供准确时间。

数字电子钟是一种典型的数字电路应用。通过本项目的训练，同学们能够掌握时序逻辑电路的分析、设计，并在此基础上完成本项目电路的 CDIO 4 个环节，为此类项目的设计与实现打下坚固的理论基础。

4.1.2　项目目标

项目目标如表 4-1 所示。

表 4-1　项目 4 的项目目标表

序号	类别	目标
1	知识目标	（1）熟悉时序逻辑电路的分析和设计方法； （2）理解二进制计数器的逻辑功能； （3）理解十进制计数器的逻辑功能； （4）理解任意进制计数器的逻辑功能
2	技能目标	（1）会仿真分析二进制、十进制及任意进制计数器的逻辑功能； （2）会设计满足逻辑功能需求的计数器； （3）会制作显示"时""分""秒"的数字电子钟； （4）会用万用表、示波器等电子设备对电路进行调试与检测； （5）会完成数字电子钟的 CDIO 4 个环节
3	素养目标	（1）学生的自主学习能力、沟通能力及团队协作精神； （2）良好的职业道德； （3）质量、安全、环保意识

4.2 必备知识

4.2.1 时序逻辑电路的特点和表示形式

逻辑电路可分为组合逻辑电路和时序逻辑电路两大类。从逻辑功能看，前面章节讨论的组合逻辑电路在任一时刻的输出信号仅仅与当时的输入信号有关，输出与输入有严格的函数关系，用一组方程式就可以描述组合逻辑函数的特性；而时序逻辑电路在任一时刻的输出信号不仅与当时的输入信号有关，而且还与电路原来的状态有关。从结构上看，组合逻辑电路仅由若干逻辑门组成，没有存储电路，因而无记忆能力；而时序逻辑电路除包含组合逻辑电路外，还含有由触发器构成的存储元件，具有记忆能力。

1. 时序逻辑电路的特点

时序逻辑电路的基本结构如图 4-1 所示。从总体上看，它由输入组合逻辑电路、输出组合逻辑电路和存储器组成，其中 X 是时序逻辑电路的输入信号，Q 是存储器的输出信号，它又被反馈到组合逻辑电路的输入端，与输入信号一起共同决定时序逻辑电路的输出状态。Y 是存储器的输入信号，Z 是时序逻辑电路的输出信号。这些信号之间的逻辑关系可以表示为

$$Z = F_1(X, Q^n) \tag{4-1}$$

$$Y = F_2(X, Q^n) \tag{4-2}$$

$$Q^{n+1} = F_3(Y, Q^n) \tag{4-3}$$

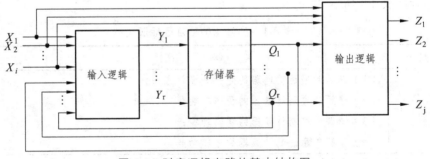

图 4-1 时序逻辑电路的基本结构图

其中，式（4-1）称为输出方程，式（4-2）称为存储器的驱动方程（或称为激励方程），式（4-3）称为状态方程。

根据以上分析，可以得出时序逻辑电路的特点：

（1）时序逻辑电路往往包含组合逻辑电路和存储电路两部分，而存储电路是必不可少的。

（2）在存储元件的输出和电路输入之间存在反馈连接，存储电路输出的状态必须反馈到输入端，与输入信号一起共同决定组合逻辑电路的输出。因而电路的工作状态与时间因素相关，即时序逻辑电路的输出由电路的输入和原来的状态共同决定。

2. 时序逻辑电路的表示形式

时序逻辑电路的逻辑功能除了用状态方程、输出方程和驱动方程等方程式表示之外，还可以用状态转换表、状态转换图和时序图等形式来表示。状态转换表、状态转换图和时序图都是描述时序逻辑电路状态转换全部过程的方法，它们之间是可以相互转换的。

1）状态转换表

将任何一组输入变量及电路现态（初态）的取值代入状态方程和输出方程，即可算出电路的次态和输出值。所得到的次态又成为新的现态，和这时的输入变量取值一起，再代入状态方程和输出方程进行计算，又可得到一组新的次态和输出值。如此继续下去，把这些计算结果列成真值表的形式，就得到了状态转换表（也称为状态转换真值表）。

2）状态转换图

将状态转换表表示为状态转换图的形式是以圆圈表示电路的各个状态，圆圈中填入存储单元的状态值，圆圈之间用箭头表示状态转换的方向，在箭头旁注明输入变量取值和输出值，输入和输出用斜线分开，斜线上方写输入值，斜线下方写输出值。

3）时序图

为了便于通过实训方法检查时序逻辑电路的逻辑功能，把在时钟序列脉冲作用下存储电路的状态和输出状态随时间变化的波形画出来，称为时序图。

4.2.2　时序逻辑电路的分析

时序逻辑电路的分析就是根据给定的时序逻辑电路，求出电路的状态转换表、状态转换图和时序图，然后确定该逻辑电路的逻辑功能。

（1）写出方程式。根据给定的时序逻辑电路，写出时钟方程、驱动方程和输出方程。

（2）求状态方程。将驱动方程代入对应触发器的特性方程，得出各触发器的状态方程。

（3）计算。把电路输入和初态的各种可能取值组合代入状态方程和输出方程进行计算，得到相应的次态和输出。

（4）列状态转换表、画状态转换图和时序图。整理计算结果，列出状态转换表，画出状态转换图和时序图。

（5）分析电路的逻辑功能，判断是否具有自启动功能。

分析时序逻辑电路的一般步骤如图 4-2 所示。

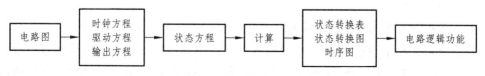

图 4-2　分析时序逻辑电路的一般步骤

以上归纳的只是一般分析方法,在分析每一个具体电路时不一定完全按照上述步骤进行。下面以具体例子来介绍时序逻辑电路的分析。

1. 同步时序逻辑电路的分析

【例 4-1】 试分析如图 4-3 所示时序逻辑电路的逻辑功能。

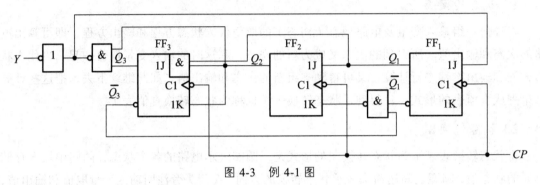

图 4-3　例 4-1 图

解:

（1）根据给定电路写出时钟方程、驱动方程和输出方程。

① 时钟方程:

$$CP_1 = CP_2 = CP_3 = CP \text{（下降沿触发）} \tag{4-4}$$

② 驱动方程:

$$\begin{cases} J_1 = \overline{Q_2^n Q_3^n} & K_1 = 1 \\ J_2 = Q_1^n & K_2 = \overline{\overline{Q_1^n Q_3^n}} \\ J_3 = Q_1^n Q_2^n & K_3 = Q_2^n \end{cases} \tag{4-5}$$

③ 输出方程:

$$Y = Q_2^n Q_3^n \tag{4-6}$$

（2）求状态方程。将驱动方程代入 JK 触发器的特性方程 $Q^{n+1} = J\overline{Q^n} + \overline{K}Q^n$ 中,得到电路的状态方程。

$$\begin{cases} Q_1^{n+1} = \overline{Q_2^n Q_3^n} \cdot \overline{Q_1^n} \\ Q_2^{n+1} = Q_1^n \overline{Q_2^n} + \overline{Q_1^n Q_3^n} Q_2^n \\ Q_3^{n+1} = Q_1^n Q_2^n \overline{Q_3^n} + \overline{Q_2^n} Q_3^n \end{cases} \tag{4-7}$$

（3）计算并列出状态转换表,画出状态转换图和时序图。

假设电路初态 $Q_3^n Q_2^n Q_1^n = 000$,将初态代入状态方程和输出方程,可得次态和新的输出值,而这个次态又作为下一个 CP 到来之前的初态,这样依次进行,可得状态转换表如表 4-2 所示,状态转换图和时序图如图 4-4 所示。

表 4-2　例 4-1 的状态转换表

CP	初态			次态			输出
	Q_3^n	Q_2^n	Q_1^n	Q_3^{n+1}	Q_2^{n+1}	Q_1^{n+1}	Y
0	0	0	0	0	0	1	0
1	0	0	1	0	1	0	0
2	0	1	0	0	1	1	0
3	0	1	1	1	0	0	0
4	1	0	0	1	0	1	0
5	1	0	1	1	1	0	0
6	1	1	0	0	0	0	1
7	0	0	0	0	0	1	0
0	1	1	1	0	0	0	1
1	0	0	0	0	0	1	0

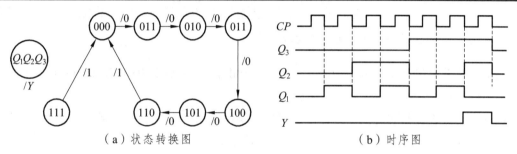

（a）状态转换图　　　　　　　　　　（b）时序图

图 4-4　例 4-1 的状态转换图和时序图

（4）归纳逻辑功能。

通过计算发现，当 $Q_3^n Q_2^n Q_1^n = 110$ 时，其次态为 $Q_3^{n+1} Q_2^{n+1} Q_1^{n+1} = 000$，返回到最初设定的状态，可见电路在 7 个状态中循环，它有对时钟信号进行计算的功能，计数容量为 7，被称为七进制计数器。而且该电路的最初状态为任意组合时，电路最终都能回到 7 个状态中循环，所以该电路具有自启动功能。

2. 异步时序逻辑电路的分析

【例 4-2】　试分析如图 4-5 所示时序逻辑电路的逻辑功能。

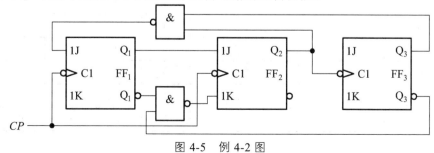

图 4-5　例 4-2 图

解：

（1）根据给定电路写出时钟方程和驱动方程。

① 时钟方程：

$$CP_1 = CP_2 = CP, \quad CP_3 = Q_2 （下降沿触发） \tag{4-8}$$

② 驱动方程：

$$\begin{cases} J_1 = \overline{Q_3^n Q_2^n}, \ K_1 = 1 \\ J_2 = Q_1^n, \ K_2 = \overline{\overline{Q_3^n Q_1^n}} \\ J_3 = 1, \ K_3 = 1 \end{cases} \tag{4-9}$$

（2）求状态方程。将驱动方程代入 JK 触发器的特性方程 $Q^{n+1} = J\overline{Q^n} + \overline{K}Q^n$ 中，得到电路的状态方程。

$$\begin{cases} Q_1^{n+1} = \overline{Q_3^n Q_2^n} \cdot \overline{Q_1^n} \quad （CP下降沿触发） \\ Q_2^{n+1} = Q_1^n \overline{Q_2^n} + \overline{\overline{Q_3^n Q_1^n}} Q_2^n = \overline{Q_2^n} Q_1^n + \overline{Q_3^n} Q_2^n \overline{Q_1^n} \quad （CP下降沿触发） \\ Q_3^{n+1} = \overline{Q_3^n} \quad （Q_2下降沿触发） \end{cases} \tag{4-10}$$

（3）计算并列出状态转换表如表 4-3 所示，画出状态转换图和时序图如图 4-6 所示。

（4）归纳逻辑功能。

从状态转换表、状态转换图和时序图可知，该电路是一个异步七进制加法计数器，且具有自启动功能。

表 4-3 例 4-2 的状态转换表

序号	时钟信号			初态			次态		
	$CP_3 = Q_2$	$CP_2 = CP$	$CP_1 = CP$	Q_3^n	Q_2^n	Q_1^n	Q_3^{n+1}	Q_2^{n+1}	Q_1^{n+1}
0	0	↓	↓	0	0	0	0	0	1
1	0	↓	↓	0	0	1	0	1	0
2	0	↓	↓	0	1	0	0	1	1
3	↓	↓	↓	0	1	1	1	0	0
4	0	↓	↓	1	0	0	1	0	1
5	0	↓	↓	1	0	1	1	1	0
6	↓	↓	↓	1	1	0	0	0	0
7	0	↓	↓	0	0	0	0	0	1
0	↓	↓	↓	1	1	1	0	0	0
1	0	↓	↓	0	0	0	0	0	1

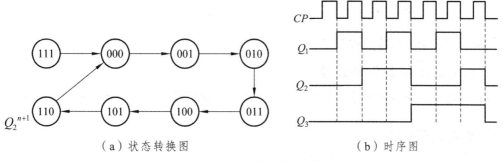

（a）状态转换图　　　　　　　　（b）时序图

图 4-6　例 4-2 的状态转换图和时序图

4.2.3　时序逻辑电路的设计

时序逻辑电路的设计是分析的逆过程，是根据给定的逻辑功能要求，选择合适的逻辑器件，设计出符合要求的时序逻辑电路。下面将介绍采用触发器和门电路设计同步时序逻辑电路的方法，这种方法的基本指导思想是用尽可能少的时钟触发器和门电路来实现符合设计要求的时序逻辑电路。

设计同步时序逻辑电路的步骤如下。

1. 根据设计要求绘制原始状态转换图

由于时序逻辑电路在某一时刻的输出信号不仅与当时的输入信号有关，还与电路原来的状态有关，所以设计时序逻辑电路时，首先要分析给定的逻辑功能，求出对应的状态转换图。这种直接由逻辑功能求得的状态转换图称为原始状态转换图，是设计时序逻辑电路最关键的一步，其具体做法如下。

（1）分析给定的逻辑功能，确定输入变量、输出变量和该电路应该包含的状态，并用字母表示这些状态。

（2）分别以上述状态为初态，考察在每一个可能的输入组合下应转入哪一个状态和相应的输出，便可求出符合要求的状态转换图。

2. 状态化简

根据给定要求得到的原始状态图不一定是最简的，很可能包含多余的状态，所以需要进行状态化简。状态化简的规则是：如果有两个状态等价，可以消去其中一个，并用另一个等价状态代替，而且不改变输入输出关系。

3. 状态编码

画出编码形式的状态转换图和状态转换表。

4. 确定触发器

确定触发器的个数 n。

$$2^{n-1} < M \leqslant 2^n \qquad (4\text{-}11)$$

其中，M 是电路包含的状态数。

5. 求输出方程和驱动方程

根据编码后的状态表和触发器的驱动表，求出电路的输出方程和各触发器的驱动方程。

6. 绘制逻辑电路图

绘制逻辑电路图并检查电路是否具有自启动功能。

设计同步时序逻辑电路的一般步骤如图 4-7 所示。

图 4-7　设计同步时序逻辑电路的一般步骤

下面举例说明同步时序逻辑电路的设计。

【例 4-3】　试设计一个自然二进制码并且带进位输出的六进制计数器。

解：

（1）由于题目中对状态的编码及转换规律都提出了明确的要求，所以状态转换图已经确定。根据题意画出自然二进制码的六进制计数器的状态转换图，如图 4-8 所示。

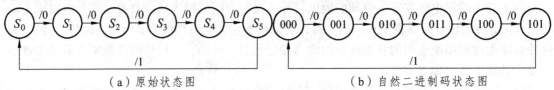

（a）原始状态图　　　　　　　　（b）自然二进制码状态图

图 4-8　例 4-3 的状态转换图

（2）根据编码形式的状态转换图画出编码后的状态转换表，如表 4-4 所示。

表 4-4　例 4-3 的状态转换表

初态			次态			输出
Q_3^n	Q_2^n	Q_1^n	Q_3^{n+1}	Q_2^{n+1}	Q_1^{n+1}	Y
0	0	0	0	0	1	0
0	0	1	0	1	0	0
0	1	0	0	1	1	0
0	1	1	1	0	0	0
1	0	0	1	0	1	0
1	0	1	0	0	0	1
1	1	0	×	×	×	×
1	1	1	×	×	×	×

（3）确定触发器。

由于六进制计数器的状态数 $M = 6$，按照 $2^{n-1} < M \leqslant 2^n$，所以应选择触发器的个数 $n = 3$。3 个触发器记为 FF_1、FF_2 和 FF_3。根据状态转换表画出 3 个触发器的次态和输出变量 Y 的卡诺图，如图 4-9 所示。

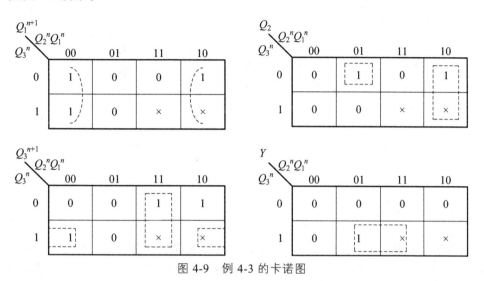

图 4-9　例 4-3 的卡诺图

① 若选择 D 触发器，通过次态卡诺图的化简，得到状态方程为

$$\begin{cases} Q_3^{n+1} = D_3 = Q_3^n \overline{Q_1^n} + Q_2^n Q_1^n \\ Q_2^{n+1} = D_2 = \overline{Q_3^n Q_2^n} Q_1^n + Q_2^n \overline{Q_1^n} \\ Q_1^{n+1} = D_1 = \overline{Q_1^n} \end{cases} \tag{4-12}$$

② 若选择 JK 触发器，为了与 JK 触发器的特性方程相匹配，需重新写出通过次态卡诺图化简后的状态方程。

$$\begin{cases} Q_3^{n+1} = Q_2^n Q_1^n \overline{Q_3^n} + (\overline{Q_1^n} + Q_2^n Q_1^n) Q_3^n \\ Q_2^{n+1} = \overline{Q_3^n} Q_1^n \overline{Q_2^n} + \overline{Q_1^n} Q_2^n \\ Q_1^{n+1} = 1 \cdot \overline{Q_1^n} + 0 \cdot Q_1^n \end{cases} \tag{4-13}$$

将次态方程与 JK 触发器的特性方程 $Q^{n+1} = J\overline{Q^n} + \overline{K}Q^n$ 相比较，得出

$$\begin{cases} J_3 = Q_2^n Q_1^n \quad K_3 = \overline{\overline{Q_1^n} + Q_2^n Q_1^n} = Q_1^n \cdot \overline{Q_2^n Q_1^n} = Q_1^n \overline{Q_2^n} \\ J_2 = \overline{Q_3^n} Q_1^n \quad K_2 = Q_1^n \\ J_1 = 1 \qquad K_1 = 1 \end{cases} \tag{4-14}$$

根据图 4-9 中输出变量 Y 的卡诺图，化简后得到输出方程：$Y = Q_3^n Q_1^n$。

经过比较发现，选择 D 触发器，触发器输入端需要 6 个二输入门和 1 个三输入门，而选择 JK 触发器，触发器输入端仅需要 3 个二输入门，选择 JK 触发器比 D 触发器的线路简单，故选

择 JK 触发器。采用 JK 触发器设计的自然二进制码六进制计数器的逻辑图如图 4-10 所示。

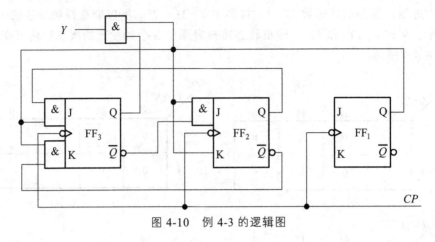

图 4-10　例 4-3 的逻辑图

4.2.4　计数器

计数器是用来累计和寄存输入脉冲个数的时序逻辑部件。它是数字系统中用途最广泛的基本部件之一，几乎在各种数字系统中都有计数器。它不仅可以计数，还可以对某个频率的时钟脉冲进行分频，以及构成时间分配器或时序发生器，从而实现对数字系统的定时、程序控制操作，此外还可用它执行数字运算。

1. 计数器的分类

1）按进位模数分类

所谓进位模数，就是计数器所经历的独立状态总数，也即进位制的基数。

（1）模 2 计数器：进位模数为 2^n 的计数器，其中 n 为触发器的级数。

（2）非模 2 计数器：进位模数非 2^n 的计数器，用得较多是十进制计数器。

2）按计数脉冲输入方式分类

（1）同步计数器（synchronous counter）：计数脉冲引至所有触发器的 CP 端，使应翻转的触发器同时翻转。

（2）异步计数器（asynchronous counter）：计数脉冲并不引至所有触发器的 CP 端，有些触发器的 CP 端为其他触发器的输出，因此触发器不是同时动作。

3）按计数的增减趋势分类

（1）加法计数器（up binary counter）：每来一个计数脉冲，触发器组成的状态就按二进制代码规律增加，这种计数器又称为递增计数器。

（2）减法计数器（down binary counter）：每来一个计数脉冲，触发器组成的状态就按二进制代码规律减少，这种计数器又称为递减计数器。

（3）可逆计数器（up-down binary counter）：计数规律即可按加法规律，也可按减法规律，由控制端决定。

2. 二进制计数器

1）异步二进制加法计数器

下面以一个 3 位二进制加法计数器（见图 4-11）为例介绍。

首先，按照二进制加法运算规律，可以列出 3 位二进制加法计数器的序列表，如表 4-5 所示。

表 4-5 3 位二进制加法计数器的序列表

计数脉冲 CP	Q_2^n	Q_1^n	Q_0^n
0	0	0	0
1	0	0	1
2	0	1	0
3	0	1	1
4	1	0	0
5	1	0	1
6	1	1	0
7	1	1	1
8	0	0	0

从表 4-5 中不难发现如下规律。

（1）最低位触发器 FF_0 的输出状态 Q_0 在时钟脉冲 CP 的作用下，每来一个脉冲状态就翻转一次。

（2）次高位触发器 FF_1 的输出状态 Q_1 在 Q_0 由 1 变为 0 时翻转一次。即当 Q_0 原来为 1 时，来一脉冲做加 1 计数，即 "1 + 1" 使本位得 0，并向高位进 "1" 时，迫使它的相邻高位状态翻转，以满足进位要求。

（3）最高位触发器 FF_2 的输出状态 Q_2 与 Q_1 相似，在相邻低位 Q_1 由 1 变为 0（进位）时，Q_2 产生进位翻转。

可见，要构成异步二进制加法计数器，各触发器的连接规律如下。

（1）用具有 T′功能的触发器构成计数器的每一位。

（2）最低位触发器的时钟脉冲输入端接计数脉冲源 CP。

（3）其他各位触发器的时钟脉冲输入端接到它们相邻低位的输出端 Q 或 $\overline{Q}$。究竟是接 Q 端还是 $\overline{Q}$ 端，则应视触发器的触发方式而定：如果触发器为上升沿触发，那么应接到它们相邻低位的输出 $\overline{Q}$ 端；如果触发器为下降沿触发，则应接到它们相邻低位的输出 Q 端。

图 4-11 所示为由下降沿触发的 JK 触发器构成的 3 位异步二进制加法计数器的逻辑图和时序图，其中各触发器的 JK 端均接高电平，其功能相当于 T′触发器。从图 4-11 可以看出，

如果 CP 的频率为 f_0，那么 Q_0、Q_1 和 Q_2 的频率分别为 $f_0/2$、$f_0/4$ 和 $f_0/8$，这说明异步计数器除具有计数功能外，还具有分频的功能，因此异步计数器也被称为分频器。每经过一级 T′触发器，输出脉冲频率就被二分频，则相对于 f_0 来说，Q_0、Q_1 和 Q_2 输出依次为的 f_0 的二分频、四分频和八分频。

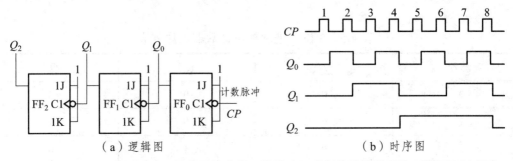

（a）逻辑图 　　　　　　　　　　　（b）时序图

图 4-11　由下降沿触发的 JK 触发器构成的 3 位异步二进制加法计数器的逻辑图和时序图

图 4-12 所示为由上升沿触发的 D 触发器构成的 3 位异步二进制加法计数器的逻辑图和时序图。将各 D 触发器的 $\overline{Q}$ 端反馈至 D 端，即可将 D 触发器转换为 T′触发器。

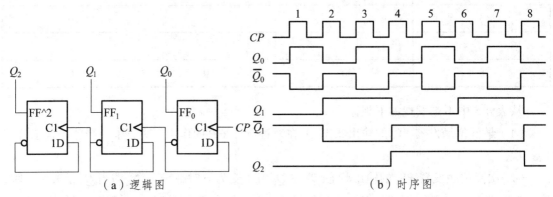

（a）逻辑图 　　　　　　　　　　　（b）时序图

图 4-12　由上升沿触发的 D 触发器构成的 3 位异步二进制加法计数器的逻辑图和时序图

2）异步二进制减法计数器

下面仍以 3 位二进制计数器（图 4-13）为例，依照二进制减法运算规律，可以列出 3 位二进制减法计数器的序列表，如表 4-6 所示，从中不难发现如下规律。

（1）最低位触发器 FF$_0$ 的输出状态 Q_0 在时钟脉冲 CP 的作用下，每来一个脉冲状态就翻转一次。

（2）次高位触发器 FF$_1$ 的输出状态 Q_1 在 Q_0 由 0 变为 1（借位）时翻转一次。即当 Q_0 原来为 0，来一脉冲做减 1 计数，即"0 − 1"使本位得 1，并向高位借"1"时，迫使它的相邻高位状态翻转，以满足借位要求。

（3）最高位触发器 FF$_2$ 的输出状态 Q_2 与 Q_1 相似，在相邻低位 Q_1 由 0 变为 1（借位）时，Q_2 产生借位翻转。

表 4-6 3 位二进制减法计数器的序列表

计数脉冲 CP	Q_2^n	Q_1^n	Q_0^n
0	1	1	1
1	1	1	0
2	1	0	1
3	1	0	0
4	0	1	1
5	0	1	0
6	0	0	1
7	0	0	0
8	1	1	1

可见，要构成异步二进制减法计数器，各触发器的连接规律如下。

（1）用具有 T′功能的触发器构成计数器的每一位。

（2）最低位触发器的时钟脉冲输入端接计数脉冲源 CP。

（3）其他各位触发器的时钟脉冲输入端则接到它们相邻低位的输出端 Q 或 $\overline{Q}$。究竟是接 Q 端还是 $\overline{Q}$ 端，则应视触发器的触发方式而定：如果触发器为上升沿触发，那么应接到它们相邻低位的输出 Q 端；如果触发器为下降沿触发，则应接到它们相邻低位的输出 $\overline{Q}$ 端。

图 4-13 所示为由下降沿触发的 JK 触发器构成的 3 位异步二进制减法计数器的逻辑图和时序图。

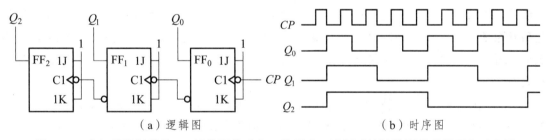

（a）逻辑图　　　　　　　　　　（b）时序图

图 4-13 由下降沿触发的 JK 触发器构成的 3 位异步二进制减法计数器的逻辑图和时序图

3）同步二进制加法计数器

在同步计数器中，各个触发器的时钟输入端均由同一时钟脉冲源作用，如果各触发器要动作，则应在时钟脉冲作用下同时完成。因此，在相同的时钟脉冲条件下，触发器是否翻转，是由各触发器的数据控制端状态决定的。从表 4-5 中可以发现，在统一的时钟脉冲作用下，各触发器状态转换的规律：

（1）每来一个脉冲，最低位就翻转一次。

（2）其他位均是在其所有低位都为 1 时才翻转，因为加 1 时低位需向本位进位。

所以，由 T 触发器构成 3 位同步二进制加法计数器时，存在以下关系：

$$T_0 = 1 \qquad T_1 = Q_0 \qquad T_2 = Q_1 Q_0 \tag{4-15}$$

$$CP_0 = CP_1 = CP_2 = CP \tag{4-16}$$

3 位同步二进制加法计数器的逻辑图如图 4-14 所示,图中已将 JK 触发器转换成 T 触发器。

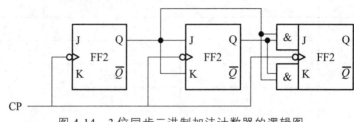

图 4-14 3 位同步二进制加法计数器的逻辑图

4)同步二进制减法计数器

与同步二进制加法计数器相似,由表 4-6 可以看出,在统一的时钟脉冲作用下,各触发器状态转换的规律:

(1)每来一个脉冲,最低位就翻转一次。

(2)其他位均是在其所有低位都为 0 时才翻转,因此减 1 时低位需向本位借位。

所以,由 T 触发器构成同步二进制减法计数器时,存在以下关系:

$$CP_0 = CP_1 = \cdots = CP_n = CP \tag{4-17}$$

$$T_0 = 1,\ T_1 = \overline{Q_0},\ \cdots\cdots,\ T_n = \overline{Q}_{n-1}\cdots\overline{Q}_1\overline{Q}_0 \tag{4-18}$$

5)集成二进制计数器

集成二进制计数器产品的类型很多,例如:带有直接清除功能的 4 位同步二进制加法计数器 74LS161,具有可预置数功能的二-八-十六进制的异步计数器 74LS177,具有可预置和清除功能的同步二进制可逆计数器 74LS193。由于集成计数器功耗低、功能灵活、体积小,所以在一些小型数字系统中得到广泛应用。下面以 74LS161 为例介绍其逻辑功能及应用。

74LS161 是 4 位二进制同步加法计数器。它的引脚图和芯片实物图如图 4-15 所示,其中 R_D 是清零端,LD 是置数控制端,D、C、B、A 是预置数据输入端,EP 和 ET 是计数使能(控制)端。$RCO = ET \cdot Q_D \cdot Q_C \cdot Q_B \cdot Q_A$ 是进位输出端。

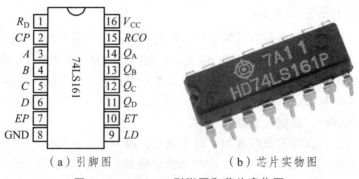

(a)引脚图   (b)芯片实物图

图 4-15 74LS161 引脚图和芯片实物图

74LS161 的功能表如表 4-7 所示。

表 4-7 74LS161 的功能表

清零	置数	使能		时钟	置数输入				输出			
R_D	LD	EP	ET	CP	D	C	B	A	Q_D	Q_C	Q_B	Q_A
0	×	×	×	×	×	×	×	×	0	0	0	0
1	0	×	×	↑	D	C	B	A	D	C	B	A
1	1	0	×	×	×	×	×	×	保持			
1	1	×	0	×	×	×	×	×	保持	$RCO=0$		
1	1	1	1	↑	×	×	×	×	计数			

由表可知，74LS161 具有以下 4 种工作方式。

（1）异步清零。当 $R_D=0$ 时，计数处于异步清零工作方式。此时，不管其他输入端的状态如何（包括时钟信号 CP），计数器输出将被直接置 0。由于清零不受时钟信号的控制，所以称为异步清零，该控制端低电平有效。

（2）同步并行置数。当 $R_D=1$，$LD=0$ 时，计数器处于同步并行置数工作方式。此时，在时钟信号 CP 上升沿的作用下，D、C、B、A 输入端的数据将分别被 Q_D、Q_C、Q_B、Q_A 所接收。由于置数操作要与 CP 上升沿同步，且 $D\sim A$ 的数据同时置入计数器，所以称为同步并行置数。

（3）保持。当 $R_D=LD=1$ 时，$ET\cdot EP=0$ 时，计数器处于保持工作方式，即不管有无时钟信号 CP 的作用，计数器都将保持原来的状态不变（停止计数）。此时，如果 $EP=0$，$ET=1$，进位输出 RCO 保持不变；如果 $ET=0$，不管 EP 状态如何，进位输出 $RCO=0$。

（4）计数。当 $R_D=LD=ET=EP=1$ 时，计数器处于计数工作方式，在时钟脉冲 CP 上升沿作用下，实现 4 位二进制计数器的计数功能。计数过程有 16 个状态，计数器的模为 16，当计数状态为 $Q_DQ_CQ_BQ_A=1111$ 时，进位输出 $RCO=1$。

74LS161 的时序图如图 4-16 所示，由时序图可以观察到 74LS161 的功能和各控制信号间的时序关系。首先加入一清零信号 $R_D=0$，使各触发器的状态为 0，即计数器清零。R_D 变为 1 后，加入置数控制信号 $LD=0$，该信号需维持到下一个时钟信号的正跳变到来后。在这个置数信号和时钟信号上升沿的共同作用下，各个触发器的输出状态与预置的输入数据相同，置数操作完成。其次是 $EP=ET=1$，在此期间 74LS161 处于计数状态。这里是从预置的 $DCBA=1100$ 开始计数，直到 $EP=0$，$ET=1$，计数状态结束，转为保持状态，计数器输出保持 EP 负跳变前的状态不变，图中 $DCBA=0010$，$RCO=0$。

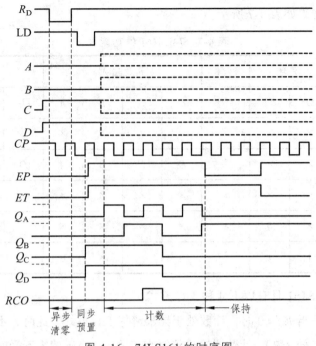

图 4-16　74LS161 的时序图

3. 十进制计数器

1）异步十进制加法计数器

虽然二进制计数器有电路结构简单、运算方便等优点，但人们仍习惯于用十进制计数，特别是当二进制数的位数较多时，要较快地读出数据比较困难。所以，数字系统中经常要用到十进制计数器。

十进制计数器的每一位计数单元需要有 10 个稳定的状态，分别用 0~9 这 10 个数码表示。直接找到一个具有 10 个稳定状态的器件是非常困难的，目前广泛采用的方法是用若干个最简单的具有两个稳态的触发器组成一个十进制计数器。如果用 M 表示计数器的模数，n 表示组成计数器的触发器的个数，那么应满足 $2^{n-1} < M \leqslant 2^n$。对于十进制计数器而言，$M = 10$，则 n 取 4，即由 4 位触发器组成 1 位十进制计数器。前面已经讨论过，4 位触发器可组成 4 位二进制计数器，总共有 16 个状态，用其组成十进制计数器只需要 10 个状态来分别表示 0~9 这 10 个数码，而需剔除其余的 6 个状态。这种表示 1 位十进制数的一组 4 位二进制数码，称为二-十进制代码或者 BCD 码。所以十进制计数器也常称为二-十进制计数器。常见的 BCD 码有 "8421" 码、"2421" 码和 "5421" 码等。

十进制计数器按照计数的增减可分为十进制加法计数器和十进制减法计数器两种，常见的是十进制加法计数器。下面以 8421BCD 码为例介绍十进制加法计数器的相关知识。

异步十进制加法计数器是在 4 位异步二进制加法计数器的基础上经过适当修改获得的。它剔除了 "1010~1111" 6 个状态，利用自然二进制数的前十个状态 "0000~1001" 实现十进制计数，如表 4-8 所示。

表 4-8　十进制加法计数器的序列表

计数脉冲 CP	Q_3^n	Q_2^n	Q_1^n	Q_0^n
0	0	0	0	0
1	0	0	0	1
2	0	0	1	0
3	0	0	1	1
4	0	1	0	0
5	0	1	0	1
6	0	1	1	0
7	0	1	1	1
8	1	0	0	0
9	1	0	0	1
10	0	0	0	0

如图 4-17 所示为由 4 个 JK 触发器组成的 8421BCD 码异步计数器加法计数器的逻辑图和时序图。

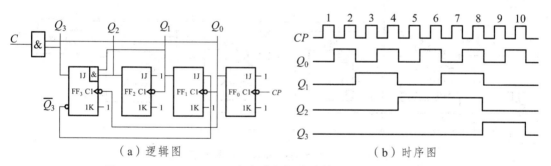

（a）逻辑图　　　　　　　　　（b）时序图

图 4-17　8421BCD 码异步十进制加法计数器的逻辑图和时序图

假设计数器从 $Q_3Q_2Q_1Q_0 = 0000$ 开始计数。由图 4-17 可见，FF$_0$ 和 FF$_2$ 为 T'触发器。在 FF$_3$ 为 0 状态时（即 $Q_3 = 0$，$\overline{Q_3} = 1$），FF$_1$ 的 $J_1 = \overline{Q_3} = 1$，FF$_1$ 也为 T'触发器。所以，输入前 8 个计数脉冲时，计数器按照异步二进制加法计数规律计数。

在输入第 7 个计数脉冲时，计数器的状态为 $Q_3Q_2Q_1Q_0 = 0111$。此时 $J_3 = Q_2Q_1 = 1$，$K_3 = 1$。在输入第 8 个计数脉冲时，FF$_0$ 的状态由 1 变为 0，Q_0 输出下降沿，此时 FF$_3$ 的时钟 $CP_3 = Q_0$，为下降沿↓，FF$_3$ 的状态由 0 翻转为 1。与此同时 FF$_1$ 的时钟 $CP_1 = Q_0$，为下降沿↓，FF$_1$ 的状态由 1 翻转为 0，Q_1 输出下降沿↓。也即 Q_0 输出的下降沿使 FF$_3$ 的状态由 0 翻转为 1，FF$_1$ 的状态由 1 翻转为 0。同理，Q_1 输出的下降沿使 FF$_2$ 的状态由 1 翻转为 0。这时计数器的状态为 $Q_3Q_2Q_1Q_0 = 1000$，此时，$J_1 = \overline{Q_3} = 0$。所以，在 $Q_3 = 1$ 时，FF$_1$ 只能保持在 0 态，不可能再次翻转。在输入第 9 个脉冲时，计数器的状态为 $Q_3Q_2Q_1Q_0 = 1001$。此时 $J_3 = 0$，$K_3 = 1$，FF$_3$

的状态为 0 态，同时进位端 $C = Q_3 Q_1 = 1$。

当输入第 10 个计数脉冲时，计数器从 1001 状态返回到初始的 0000 状态，电路跳过了 $1010 \sim 1111$ 这 6 个状态，实现了十进制计数，此时，进位端 C 由 1 变为 0，向高位计数器发出进位信号。

8421BCD 码异步十进制加法计数器的状态转换图如图 4-18 所示。可见其具有自启动功能。

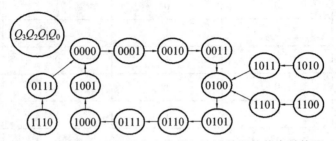

图 4-18　8421BCD 码异步十进制加法计数器的状态转换图

2）同步十进制加法计数器

同步十进制加法计数器是在 4 位同步二进制加法计数器的基础上经过适当修改获得的，如图 4-19 所示。请参照同步二进制加法计数器的分析方法分析其工作原理。

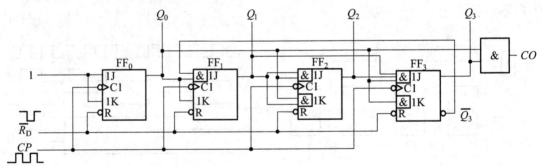

图 4-19　同步十进制加法计数器的逻辑图

3）集成十进制计数器

集成十进制计数器产品的类型很多，例如：具有直接清零端的 8421BCD 码同步十进制计数器 74LS160、同步可逆计数器 74LS190、二-五-十进制异步加法计数器 74LS90/74LS290/74LS390 等。由于集成计数器功耗低、功能灵活、体积小，所以在一些小型数字系统中得到广泛应用。下面以 74LS390 为例介绍其逻辑功能及应用。

74LS390 为双"2-5-10 异步计数器"，内有 8 个主从触发器和附加门，以构成两个独立的 4 位计数器。它具有双时钟输入，并具有下降沿触发、异步清零、二进制、五进制、十进制计数等功能，其引脚图和芯片实物图如图 4-20 所示。CP_A、CP_B 是 CP 脉冲输入端，Q_D、Q_C、Q_B、Q_A 为输出端。

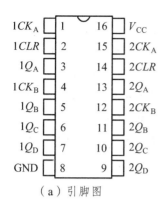
（a）引脚图

（b）芯片实物图

图 4-20　74LS390 的引脚图和芯片实物图

74LS390 的逻辑功能如表 4-9 所示，从逻辑功能表可见，74LS390 具有以下功能。

表 4-9　74LS390 的逻辑功能表

输入			输出				逻辑功能
CLR	$\overline{CK_A}$	$\overline{CK_B}$	Q_D	Q_C	Q_B	Q_A	
1	×	×	×	×	×	×	异步清零
0	↓	×	—	—	—	0 或 1	二进制计数器
0	×	↓	000	~	100	—	五进制计数器
0	↓	Q_A	0000	~	~	1001	十进制计数器

（1）异步清零。当 $CLR=1$ 时，输出 $Q_DQ_CQ_BQ_A=0000$，不受 CP 脉冲信号控制，因而是异步清零。

（2）二进制计数器。CP 接 $\overline{CK_A}$ 端，为下降沿触发，Q_A 有相应的状态变化（0 或 1）。

（3）五进制计数器。CP 接 $\overline{CK_B}$ 端，为下降沿触发，$Q_DQ_CQ_B$ 3 个输出端有相应的状态变化（000 ~ 100）。

（4）十进制计数器。将 CP 接 $\overline{CK_A}$ 端，Q_A 接 $\overline{CK_B}$ 端，$Q_DQ_CQ_BQ_A$ 4 个输出端可构成 8421BCD 码十进制加法计数器。

4. 集成计数器构成 N 进制计数器

尽管集成计数器产品种类很多，但也不可能包含任意进制的计数器。实际应用中，用一片或几片集成计数器经过适当连接，就可以构成任意进制（即 N 进制）的计数器。

若一片集成计数器为 M 进制，欲构成的计数器为 N 进制，构成任意进制计数器的原则是：当 $M>N$ 时，只需用一片集成计数器即可；当 $M<N$ 时，则需要多片 M 进制集成计数器才可以构成 N 进制的计数器。

用集成计数器构成任意进制计数器，常用的方法有反馈清 0 法、级联法和反馈置数法。下面举例介绍用集成计数器构成任意进制计数器的方法。

1）反馈清 0 法

用反馈清 0 法构成任意进制计数器，就是将计数器的输出状态反馈到计数器的清 0 端，使计数器由此状态返回到 0 再重新开始计数，从而实现 N 进制计数。

清 0 信号的选择与芯片的清 0 方式有关，假设产生清 0 信号的状态称为反馈识别码 N_a。当芯片为异步清 0 方式时，可用状态 N 作为反馈识别码，即 $N_a = N$，通过门电路组合输出清 0 信号，使芯片瞬间清 0，其有效循环状态共 N 个，构成了 N 进制计数器；当芯片为同步清 0 方式时，可用 $N_a = N - 1$ 作识别码，通过门电路组合输出清 0 信号，使芯片在 CP 到来时清 0，这也同样构成 N 进制计数器。

【例 4-4】 采用 74LS390 构成六进制加法计数器。

解：

如图 4-21（a）所示为用一片集成计数器 74LS390 构成的六进制计数器的逻辑电路图。

首先将 74LS390 连接成十进制计数器，即 Q_A 与 $\overline{CKB}$ 连接，由 $\overline{CKA}$ 输入计数脉冲 CP。六（$N = 6$）进制计数器有 6 个状态，而 74LS390 在计数过程中有 10（$M = 10$）个状态，所以必须设法剔除 $M - N = 10 - 6 = 4$ 个状态，即计数器从 0000 状态开始计数，当计了前 6 个状态后，利用第 6 个状态 0110，提供清 0 信号，迫使计数器回到初始的 0000 状态，此后清零信号消失，计数器重新从 0000 状态开始计数。其逻辑状态转换图如图 4-21（b）所示（图中省去了 Q_D）。

逻辑图中，将 Q_C、Q_B 分别接到与门的输入端，再将与门的输出接到直接清 0 的 CLR 端。当计数器输入第 6 个计数脉冲时，$Q_D Q_C Q_B Q_A = 0110$，与门输出清 0 信号（$CLR = Q_C Q_B = 1$）使计数器返回到初始的 0000 状态。由于 74LS390 是异步清 0，电路进入 0110 状态的时间非常短暂，不能成为一个有效状态，在主循环状态图中用虚线表示，这样，电路就剔除了 0110～1001 这 4 个状态，从而实现了六进制计数。

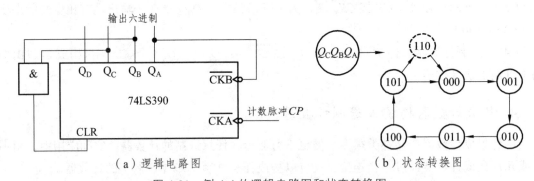

（a）逻辑电路图　　　　　　　　　　　（b）状态转换图

图 4-21　例 4-4 的逻辑电路图和状态转换图

从例 4-4 可知，利用异步反馈清 0 法可以把计数序列的后几个状态剔除，构成不足芯片模数 M（本例为 10）的 N（本例为 6）进制计数器。具体方法是：用与门对第 N 个计数状态（第 N 个状态为 0110）进行译码，产生清 0 信号。当计数到第 N 个状态时，$CLR = 1$，计数回到 0，这样就剔除了计数序列的最后 $M-N$ 个状态（本例为 0110、0111、1000、1001），构成 N 进制计数器。

【例 4-5】 采用 74LS161 构成十进制加法计数器。

解：

十（$N=10$）进制计数器有 10 个状态，而 74LS161 在计数过程中有 16（$M=10$）个状态，所以必须设法剔除 $M-N=16-10=6$ 个状态，即计数器从 0000 状态开始计数，当计数到第 10 个状态时，利用第 10 个状态 1010 提供清 0 信号，迫使计数器回到初始的 0000 状态，此后清零信号消失，计数器重新从 0000 状态开始计数。

具体方法与例 4-4 的方法相似。图 4-22 所示为采用 74LS161 构成十进制计数器的逻辑电路图和状态转换图。不同之处是 74LS161 的清 0 信号是 $R_D=0$ 有效，所以外接的逻辑门应采用与非门。

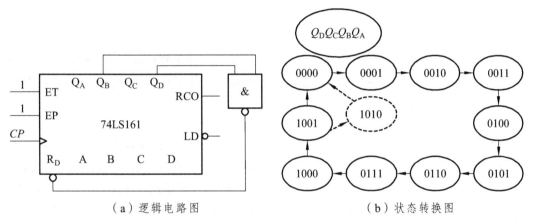

（a）逻辑电路图　　　　　　（b）状态转换图

图 4-22　例 4-5 的逻辑电路图

2）反馈置数法

用反馈置数法构成任意进制计数器，就是将计数器的输出状态反馈到计数器的置数端，使计数器由此状态置数后再重新开始计数，从而实现 N 进制计数。能采用此方法的集成电路必须具有置数的功能。

【例 4-6】 利用反馈置数法，采用 74LS161 构成十进制加法计数器。

解：

利用反馈置数方式，剔除计数序列最后的几个状态，构成十进制计数器。要构成十进制计数器，应保留计数序列 0000～1001 的 10 个状态，剔除 1010～1111 的 6 个状态。

具体方法是：利用与非门对第 10 个状态 1001 进行译码，产生置数控制信号，并送至 LD 置数端，置数的输入数据为 0000。这样，在下一个时钟脉冲上升沿到达时，计数器置入 0000 状态使计数器按照十进制计数。其逻辑电路图如图 4-23（a）所示，状态转换图如图 4-23（b）所示。

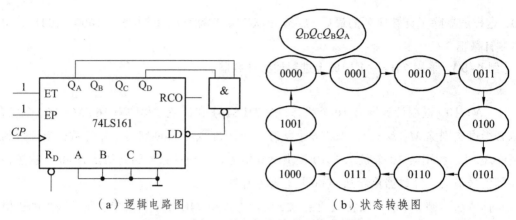

（a）逻辑电路图　　　　　　　　（b）状态转换图

图 4-23　例 6-6 的逻辑电路图和状态转换器

思考：如何利用反馈置数法，采用 74LS161 实现中间 10 个状态和后 10 个状态的十进制加法计数器？

3）级联法

当 $M < N$ 时，需用两片以上集成计数器才能连接成任意进制计数器，这时，仅采用前面介绍的反馈清 0 法和反馈置数法是无法实现的，必须采用级联法。下面介绍几种常用的级联法构成 N 进制计数器的方法。

（1）几片集成计数器直接级联。

图 4-24 所示是用两片集成计数器 74LS390 级联构成的五十进制计数器。在图 4-24 中，片 A 接成五进制计数器，片 B 接成十进制计数器，级联后即为五十进制的计数器。计数脉冲直接输入到片 B，片 B 的最高位 Q_D 接到片 A 的 $\overline{CKB}$ 输入端，所以这种接法属于异步级联方式。

片 B 是逢十进一，当第 10 个计数脉冲输入时，片 B 的状态 $Q_D Q_C Q_B Q_A$ 为 1001；当第 11 个计数脉冲输入时，片 B 的状态由 1001 变为 0000，此时最高位 Q_D 由 1 变 0，从而为片 A 提供了计数脉冲。

采用这种级联法构成的计数器，其容量为几个计数器进制（或模）的乘积。用两片 74LS390 可以接成二十进制、二十五进制、五十进制和一百进制的计数器。

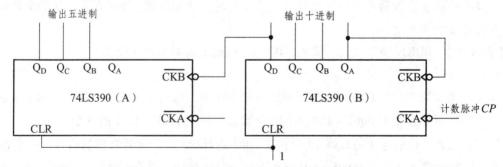

图 4-24　由 74LS390 级联构成五十进制计数器

（2）几片集成计数器级联后再反馈清 0。

若几片集成计数器级联后再进行反馈清 0 的话，可以更灵活地组成任意进制的计数器。

图 4-25 所示是用两片集成计数器 74LS390 级联构成的六十六进制计数器。图 4-25 中使用了两片 74LS390,每片都接成十进制计数器,级联后再采取反馈清 0 法就构成了六十六进制的计数器。

计数脉冲直接输入到片 B。与门的输入端分别是片 A 和片 B 的 Q_C 和 Q_B 端,输出端直接接到片 A 和片 B 的 *CLR* 端。当输入第 66 个计数脉冲时,片 A 的状态为 0110,片 B 的状态也为 0110。此时与门的输出为 1,这样片 A 和片 B 的 *CLR* 均为 1,两片集成计数器都清 0。此后若再输入计数脉冲,则又从 0 开始计数,这样就接成了六十六进制的计数器。

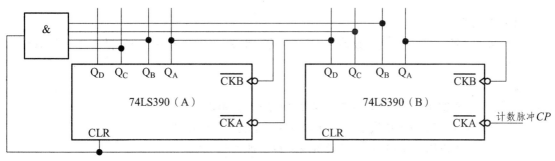

图 4-25 由 74LS390 级联构成的六十六进制计数器

(3)每片集成计数器单独反馈清 0 后再进行级联。

当两片集成计数器进行级联时,用反馈清 0 法将一片集成计数器接成 N_1 进制的计数器,将另一片接成 N_2 进制计数器,然后将两片集成计数器再进行级联,可得到 $N_1 \times N_2$ 进制的计数器。

图 4-26 所示是用两片集成计数器 74LS390 级联构成的二十四进制计数器。计数脉冲直接输入到片 B。片 B 接成六进制计数器,即每输入 6 个计数脉冲就向高位进位一次。片 A 接成四进制计数器。所以级联后的计数器为 $4 \times 6 = 24$ 进制计数器。

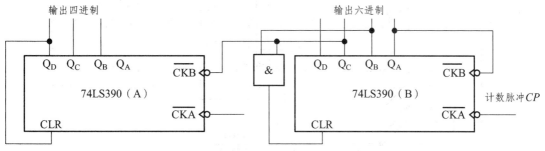

图 4-26 由 74LS390 级联构成的二十四进制计数器

4.2.5 技能实训

1. 二进制计数器逻辑功能的仿真分析

1)实训目的

(1)掌握二进制计数器的逻辑功能及测试分析方法。

（2）熟悉仿真软件 Multisim12 的使用。

2）实训器材（见表 4-10）

表 4-10　实训器材

实训器材	计算机	Multisim12	其他
数量	1 台	1 套	—

3）实训原理及操作

（1）实训原理。

参照表 4-7 所示的二进制计数器 74LS161 的功能表，了解其各个引脚的作用，然后进行仿真分析。

（2）实训操作。

① 按照图 4-27 所示电路图接线，采用 LED 灯作为输出指示。

② 自行设计逻辑功能真值表（参照表 4-8）并填入测试结果。

③ 查找集成电路 74LS161 的引脚图及逻辑功能的相关资料。

④ XFG1 为信号函数发生器，在本实训中产生方波脉冲信号，方波脉冲频率不宜过高，否则 LED 频率过快，不便观察输出结果，频率设定为 100 Hz 以下为宜。

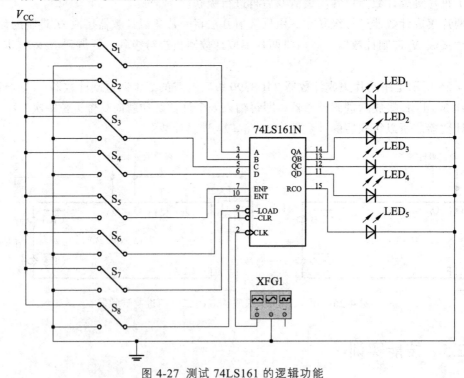

图 4-27　测试 74LS161 的逻辑功能

4）注意事项

Multisim12 仿真软件的使用重在仿真分析测试，相当于在计算机上进行电路的实验，所以学会测量相关参数很重要。

2. 十进制计数器逻辑功能的仿真分析

1）实训目的

（1）掌握十进制计数器的逻辑功能及测试方法。

（2）熟悉仿真软件 Multisim12 的使用。

2）实训器材（见表 4-11）

表 4-11　实训器材

实训器材	计算机	Multisim12	其他
数量	1 台	1 套	—

3）实训原理及操作

（1）实训原理。

参照表 4-9 所示的二-五-十进制计数器 74LS390 的功能表，了解其各个引脚的作用，然后进行仿真分析。

（2）实训操作。

① 按照图 4-28 所示电路图接线，采用 7 段 LED 数码显示作为输出指示。

② 自行设计逻辑功能真值表（参照表 4-9）并填入测试结果。

③ 查找集成电路 74LS390 的引脚图及逻辑功能的相关资料。

④ XFG1 为信号函数发生器，在本实训中产生方波脉冲信号，方波脉冲频率不宜过高，否则 LED 频率过快，不便观察输出结果，频率设定为 100 Hz 以下为宜。

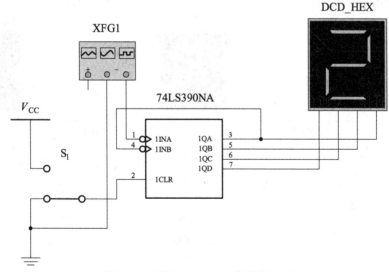

图 4-28　测试 74LS390 的逻辑功能

4）注意事项

Multisim12 仿真软件的使用重在仿真测试，相当于在计算机上进行电路的实验，所以学会测量相关参数很重要。

3. 任意进制计数器逻辑功能的仿真分析

1）实训目的

（1）掌握任意进制计数器的逻辑功能及测试方法。

（2）掌握设计六十进制计数器的方法并进行分析。

（3）掌握设计二十四进制计数器的方法并进行分析。

2）实训器材（见表 4-12）

表 4-12 实训器材

实训器材	计算机	Multisim12	其他
数量	1 台	1 套	—

3）实训原理及操作

（1）实训原理。

参照表 4-9 所示的二-五-十进制计数器 74LS390 的功能表，了解其各个引脚的作用，然后进行仿真测试。

（2）仿真分析六十进制计数器的逻辑功能。

① 按照图 4-29 所示电路图接线，采用 7 段 LED 显示字段 DCD-HEX1 和 DCD-HEX2 作为输出指示。

② 自行设计逻辑功能真值表并填入测试结果。

③ XFG1 为信号函数发生器，在本实训中产生方波脉冲信号，方波脉冲频率不宜过高，否则 LED 频率过快，不便观察输出结果，频率设定为 100 Hz 以下为宜。

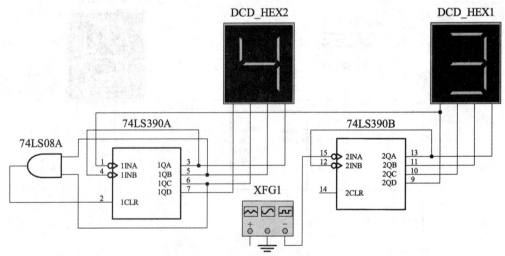

图 4-29 由 74LS390 构成的六十进制计数器的仿真图

（3）仿真分析二十四进制计数器的逻辑功能。

① 按照图 4-30 所示电路图接线，采用 7 段 LED 显示字段 DCD-HEX1 和 DCD-HEX2 作为输出指示。

② 自行设计逻辑功能真值表并填入测试结果。

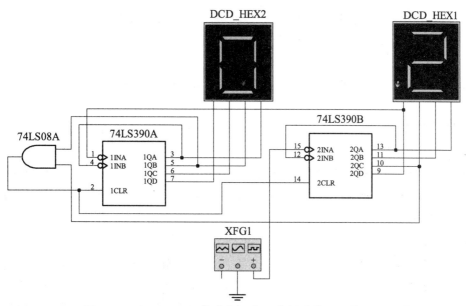

图 4-30　由 74LS390 构成的二十四进制计数器的仿真图

③ XFG1 为信号函数发生器，在本实训中产生方波脉冲信号，方波脉冲频率不宜过高，否则 LED 频率过快，不便观察输出结果，频率设定为 100 Hz 以下为宜。

4）注意事项

集成计数器种类繁多，使用前一定要查阅其详细技术资料。

4.3　项目实施

4.3.1　构思（Conceive）——设计方案

数字电子钟是一种采用数字电子技术实现"时""分""秒"数字显示的计时装置，一般由时钟信号源、计数器、译码显示电路等 3 部分组成，其组成框图如图 4-31 所示。

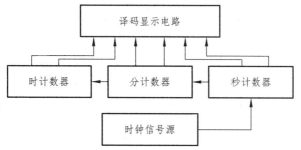

图 4-31　数字电子钟的组成框图

数字电子钟电路将 1 Hz 的时钟脉冲信号（参见项目 5）送入"秒"计数器进行计数；在"秒"计数器完成一个计数循环时，向"分"计数器产生"进位"信号，使"分"计数器计数；

在"分"计数器完成一个计数循环时，向"时"计数器产生"进位"信号，使"时"计数器计数。所有计数的结果由对应的译码显示电路显示出来。

4.3.2 设计（Design）——设计与仿真

1. 电路设计

1）时钟信号源电路

时钟信号源电路是由秒脉冲产生电路实现的，它主要用来产生频率稳定的时间标准信号，以保证数字电子钟的走时精确及稳定。此电路可以得到周期为 1 s 的"秒"脉冲信号，相关知识参见项目 5。

2）计数器

"时""分""秒"分别为二十四/十二、六十、六十进制的计数器。"分"和"秒"计数器用两块十进制计数器（本项目采用 74LS390）来实现。它们的个位为十进制、十位为六进制，这样符合人们通常计数的习惯。"时"计数也采用两块十进制集成块（本项目采用 74LS390），只是做成二十四进制或十二进制（本项目采用二十四进制）计数器。上述计数器均采用级联法来实现。

3）译码显示电路

译码显示电路通常由数码显示器和显示译码器完成。由于本例中计数全采用十进制集成块，所以计数器的数码显示器均采用 LED 7 段共阴极数码管。显示译码器采用驱动共阴极数码管的"4511"集成块，其逻辑功能表如表 4-13 所示。

表 4-13 4511 七段数码显示译码器的逻辑功能表

十进制/功能	输入							输出							字形
	LE	$\overline{BI}$	$\overline{LT}$	D_D	D_C	D_B	D_A	Q_A	Q_B	Q_C	Q_D	Q_E	Q_F	Q_G	
试灯	×	×	0	×	×	×	×	1	1	1	1	1	1	1	8
消隐	×	0	1	×	×	×	×	0	0	0	0	0	0	0	暗
0	0	1	1	0	0	0	0	1	1	1	1	1	1	0	0
1	0	1	1	0	0	0	1	0	1	1	0	0	0	0	1
2	0	1	1	0	0	1	0	1	1	0	1	1	0	1	2
3	0	1	1	0	0	1	1	1	1	1	1	0	0	1	3
4	0	1	1	0	1	0	0	0	1	1	0	0	1	1	4
5	0	1	1	0	1	0	1	1	0	1	1	0	1	1	5
6	0	1	1	0	1	1	0	0	0	1	1	1	1	1	6
7	0	1	1	0	1	1	1	1	1	1	0	0	0	0	7
8	0	1	1	1	0	0	0	1	1	1	1	1	1	1	8
9	0	1	1	1	0	0	1	1	1	1	0	0	1	1	9
10～15	0	1	0	1010～1111				0	0	0	0	0	0	0	暗
锁存	1	1	1	×	×	×	×	※	※	※	※	※	※	※	※

备注：※表示输出状态锁定在上一个 $LE=0$ 时，$D_D \sim D_A$ 的输入状态。

（1）D_D、D_C、D_B、D_A 为 BCD 码输入，D_A 为最低位，D_D 为最高位。

（2）$\overline{LT}$（3 脚）为灯测试端，加高电平时，显示器正常显示，加低电平时，显示器一直显示数码"8"，各段都被点亮，以检查显示器是否有故障。

（3）$\overline{BI}$（4 脚）为消隐功能端，低电平时使所有段均消隐，正常显示时，$\overline{BI}$ 端应加高电平。另外 4511 有拒绝伪码的特点，当输入数据越过十进制数 9（1001）时，显示字形也自行消隐。

（4）LE（5 脚）是锁存控制端，高电平时锁存，低电平时传输数据。

（5）$Q_A \sim Q_G$ 是 7 段输出，可驱动共阴级 LED 数码管。

2. 电路仿真

电路仿真电路图如图 4-32 所示。

4.3.3　实现（Implement）——组装与调试

数字电子钟的元器件参数及功能如表 4-14 所示。

表 4-14　数字电子钟的元器件参数及功能表

序号	数量	元器件代号	名称	型号	功能
1	3	U1A/B、U2A/B、U3A/B	2-5-10 异步计数器	SN74LS390N	计数
2	6	U4 ~ U9	显示译码器	CD4511	译码驱动
3	1	U10A、U10B、U10C	2 输入与门	SN74LS08N	与运算
4	6	U11 ~ U16	LED 七段数码管		数码显示

1. 制作工具与仪器设备

（1）电路焊接工具：电烙铁（20 ~ 35 W）、烙铁架、焊锡丝、松香。

（2）其他工具：剥线钳、平口钳、螺丝刀、镊子。

（3）测试仪器仪表：万用表、示波器。

2. 元器件的检测

相关知识请参照前面项目学习。

3. 组装调试

（1）准备好万能板或 PCB 板、连接线和所有元器件。

（2）布局合理，正确连接电路。

（3）调试电路。

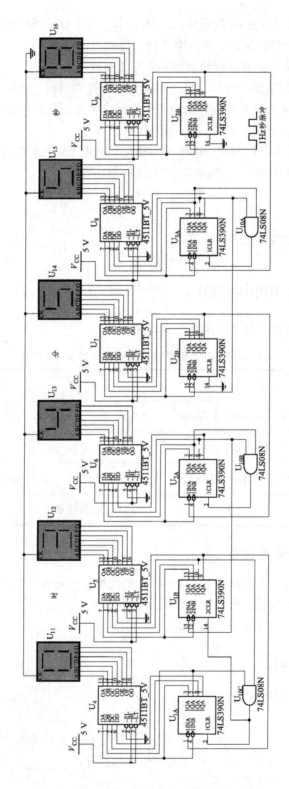

图 4-32 数字电子钟的电路仿真图

4.3.4 运行（Operate）——测试与分析

1. 断电测试与分析

（1）焊接完成后，需要检查各个焊点的质量，检查有无虚焊、漏焊情况。

（2）对照原理图，审查各个元器件是否与图纸相对应。

（3）检查电源正负极是否有短路。

（4）测试各连接情况：使用万用表二极管挡，根据原理图从信号输入到信号输出，检查各个焊点是否导通（焊接是否完成，有无虚焊现象）。

（5）检查元器件有无倾斜情况。

2. 上电测试与分析

在上电之前用万用表测试输出端的电压是否正确，上电后注意观察各元件是否有发热、冒烟等情况（如有应及时断电再仔细检查），若一切正常，方可采用示波器测试。

4.4 项目总结与评价

4.4.1 项目总结

（1）数字电子钟是一种采用数字电子技术实现"时""分""秒"数字显示的计时装置。与机械式时钟相比，数字电子钟具有走时准确、性能稳定、携带方便，且无机械装置，有更长的使用寿命等优点，已得到广泛的使用。

（2）时序逻辑电路的特点：

① 时序逻辑电路往往包含组合逻辑电路和存储电路两部分，而存储电路是必不可少的。所以时序逻辑电路具有记忆功能。

② 在存储元件的输出和电路输入之间存在反馈连接，存储电路输出的状态必须反馈到输入端，与输入信号一起共同决定组合逻辑电路的输出。因而电路的工作状态与时间因素相关，即时序逻辑电路的输出由电路的输入和原来的状态共同决定。

（3）时序逻辑电路的逻辑功能除了用状态方程、输出方程和驱动方程等方程式表示之外，还可以用状态转换表、状态转换图和时序图等形式表示。

（4）时序逻辑电路的分析 5 步法：

① 写出方程式。

② 求状态方程。

③ 计算。

④ 列状态转换表、画状态转换图和时序图。

⑤ 分析电路的逻辑功能，判断是否具有自启动功能。

（5）时序逻辑电路的设计 6 步法：

① 根据设计要求绘制原始状态转换图。

② 状态化简。

③ 状态编码，画出编码形式的状态转换图和状态转换表。

④ 确定触发器的个数。

⑤ 求输出方程和驱动方程。

⑥ 绘制逻辑电路图并检查电路是否具有自启动功能。

这里的方法只是一般分析设计方法，在分析设计每一个具体电路时不一定完全按照上述步骤进行。

（6）计数器的种类很多，特点各异。按计数进制可分为二进制计数器、十进制计数器和任意进制计数器；按计数增减可分为加法计数器和减法计数器；按计数器中触发器翻转是否一致可分为异步计数器和同步计数器。

（7）二进制计数器是指在输入脉冲的作用下，按照二进制数变化顺序循环经历 2^n 个独立状态的计数器，又称为模 2^n 计数器。

（8）8421BCD 十进制计数器是在 4 位二进制计数器的基础上经过适当修改获得的。它剔除了"1010～1111" 6 个状态，利用自然二进制数的前 10 个状态"0000～1001"实现了十进制计数。

（9）集成 4 位二进制同步加法计数器 74LS161 具有清零、置数、进位和计数等功能。

（10）集成双"二-五-十异步计数器"74LS390 内含有 8 个主从触发器和附加门。它具有双时钟输入，并具有下降沿触发、异步清零、二进制、五进制、十进制计数等功能。

4.4.2 项目评价

1. 评价内容

（1）演示的结果。

（2）性能指标。

（3）是否文明操作、遵守企业和实训室管理规定。

（4）项目设计实现过程中是否有独到的方法或见解。

（5）是否能与组员（同学）团结协作。

2. 评价要求

（1）评价要客观公正。

（2）评价要全面细致。

（3）评价要认真负责。

3. 项目评价表

项目评价表如表 4-15 所示。

表 4-15 项目评价表

评价要素	评价标准	评价依据	评价方式			权重
			个人	小组	教师	
职业素质	（1）能文明操作、遵守企业和实训室管理规定； （2）能与其他组员团结协作； （3）能按时并积极主动完成学习和工作任务； （4）能遵守纪律，服从管理	（1）工具的摆放规范； （2）仪器仪表的使用规范； （3）工作台的整理； （4）工作任务页的填写规范； （5）平时表现； （6）学生制作的作品	0.3	0.3	0.4	0.3
专业能力	（1）能够按照流程规范作业； （2）能够充分理解数字电子钟的电路组成及工作原理； （3）能够完成电路的 CDIO 4 个环节； （4）能选择合适的仪器仪表进行调试； （5）能够对 CDIO 4 个环节的工作进行评价与总结	（1）操作规范； （2）专业理论知识，包括习题、项目技术总结报告、演示、答辩； （3）专业技能，包括仿真分析、完成的作品和制作调试报告	0.1	0.2	0.7	0.6
创新能力	（1）在项目分析中提出自己的见解； （2）对项目教学提出建议或意见，具有创新性； （3）自己完成测试方案制定，设计合理	（1）提出创新的观念； （2）提出的意见和建议被认可； （3）好的方法被采用； （4）在所写项目报告中有独特的见解	0.2	0.2	0.6	0.1

4.5 扩展知识

4.5.1 寄存器

任何现代数字系统都必须把需要处理的数据和代码先寄存起来，以便随时取用。数字电路中用来存放二进制数据或代码的电路称为寄存器。寄存器是由具有存储功能的触发器组合起来构成的。一个触发器可以存储一位二进制代码，存放 n 位二进制代码的寄存器，需用 n 个触发器来构成。现在实现数据寄存功能的电路已经被大规模集成化为集成电路芯片，供人们选用。

寄存器的种类很多。按照功能的不同，可将寄存器分为基本寄存器和移位寄存器两大类。基本寄存器又称为数码寄存器，其数据只能并行输入，需要时也只能并行输出。移位寄存器中的数据可以在移位脉冲作用下依次左移或右移，其数据既可以并行输入、并行输出，也可以串行输入、串行输出，十分灵活，用途也很广泛。

按照接收数据的方式，寄存器可分为单拍工作方式和双拍工作方式两大类：单拍工作方式就是时钟脉冲触发沿一到达就存入新数据；双拍工作方式是先将寄存器置 0，然后再存入新数据。现在大多采用单拍工作方式。

通常，寄存器应具有以下 4 种基本功能。

（1）预置。在接收数据前对整个寄存器的状态置 0。

（2）接收数据。在接收信号的作用下，将外部输入数据接收到寄存器中。

（3）保存数据。寄存器接收数据后，只要不出现置 0 或接收新的数据，寄存器应保持数据不变。

（4）输出数据。在输出信号作用下，寄存器中的数据通过输出端输出。

1. 基本寄存器

1）单拍工作方式基本寄存器

图 4-33 所示电路是由 4 个 D 触发器构成的单拍工作方式 4 位基本寄存器。

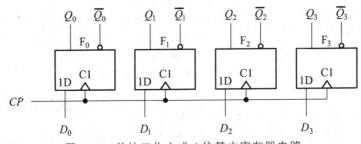

图 4-33　单拍工作方式 4 位基本寄存器电路

D 触发器的特性方程为 $Q^{n+1}=D$ ，CP 上升沿有效，所以在图 4-33 中，无论寄存器中原来存储的数据是什么，只要送数控制时钟脉冲 CP 上升沿到来，加在并行数据输入端的数据 $D_0 \sim D_3$ 就立即被送入寄存器中，即有：

$$Q_3^{n+1}Q_2^{n+1}Q_1^{n+1}Q_0^{n+1} = D_3D_2D_1D_0 \qquad （4-17）$$

此后只要不出现 CP 上升沿，寄存器中的内容将保持不变，即各个触发器输出端的状态与 D 无关，都将保持不变。

由于这种电路一步就完成了送数工作，所以称为单拍工作方式。

2）双拍工作方式基本寄存器

图 4-34 所示电路是由 4 个 D 触发器构成的双拍工作方式 4 位基本寄存器。它具有清零、送数和保持等功能。

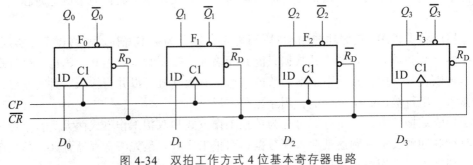

图 4-34　双拍工作方式 4 位基本寄存器电路

（1）清零。$\overline{CR}=0$ ，异步清零。无论寄存器中原来的数据是什么，只要 $\overline{CR}=0$ ，就立即通过异步输入端将 4 个触发器都复位到 0 状态，即有：

$$Q_3^{n+1}Q_2^{n+1}Q_1^{n+1}Q_0^{n+1} = 0000 \qquad\qquad (4\text{-}18)$$

（2）送数。当 $\overline{CR}=1$，CP 上升沿送数。无论寄存器中原来寄存的数据是什么，在 $\overline{CR}=1$ 时，只要送数控制时钟脉冲 CP 上升沿到来，加在并行数据输入端的数据 $D_0 \sim D_3$ 就立即被送入寄存器中，即有：

$$Q_3^{n+1}Q_2^{n+1}Q_1^{n+1}Q_0^{n+1} = D_3D_2D_1D_0 \qquad\qquad (4\text{-}19)$$

（3）保持。在 $\overline{CR}=1$ 时，CP 上升沿以外的时间，寄存器中的内容将保持不变。

由于这种电路需两步才能完成送数工作，所以称为双拍工作方式。

2. 移位寄存器

移位寄存器除了具有存储数据的功能外，还可将所存储的数据逐位（由低位向高位或由高位向低位）移动。按照在移位控制时钟脉冲 CP 作用下移位情况的不同，移位寄存器又分为单向移位寄存器和双向移位寄存器两大类。

1）单向移位寄存器

图 4-35 所示是用 4 个上升沿触发的 D 触发器构成的 4 位右移移位寄存器。

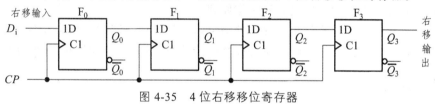

图 4-35　4 位右移移位寄存器

图 4-36 所示是用 4 个上升沿触发的 D 触发器构成的 4 位左移移位寄存器。

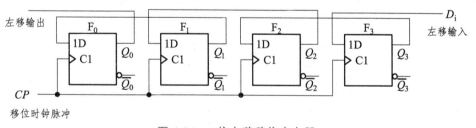

图 4-36　4 位左移移位寄存器

单向移位寄存器的主要特点：

（1）单向移位寄存器中的数码，在 CP 脉冲操作下，可以依次右移或左移。

（2）n 位单向移位寄存器可以寄存 n 位二进制代码。n 个 CP 脉冲即可完成串行输入工作，此后可从 $Q_0 \sim Q_{n-1}$ 端获得并行的 n 位二进制数码，再用 n 个 CP 脉冲又可实现串行输出操作。

（3）若串行输入端状态为 0，则 n 个 CP 脉冲后，寄存器被清零。

2）双向移位寄存器

图 4-37 所示是用 4 个上升沿触发的 D 触发器及逻辑门电路构成的 4 位双向移位寄存器。

图中 M 是移位寄存器移位方向控制信号，D_{SR} 是右移串行输入端，D_{SL} 是左移串行输入端，$Q_1 \sim Q_3$ 是并行数据输出端，CP 是移位脉冲。

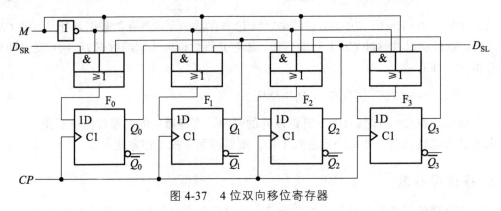

图 4-37　4 位双向移位寄存器

4.5.2　寄存器的应用

寄存器的应用很广，特别是移位寄存器，不仅可将串行数码转换成并行数码，或将并行数码转换成串行数码，还可以很方便地构成移位寄存器型计数器和顺序脉冲发生器等电路。下面介绍移位寄存器型计数器的构成和工作原理。

移位寄存器型计数器是将移位寄存器的输出以一定方式反馈到串行输入端构成的，编码独具特色，用途极为广泛。常用的移位寄存器型计数器有环形计数器和扭环形计数器。

1. 环形计数器

在图 4-35 所示的右移移位寄存器中，如果把触发器 F_3 的输出端 Q_3 接到 F_0 的输入端 D_0 便构成了一个 4 位环形计数器，如图 4-38 所示，其状态转换图如图 4-39 所示。

图 4-38　4 位移位寄存器型环形计数器

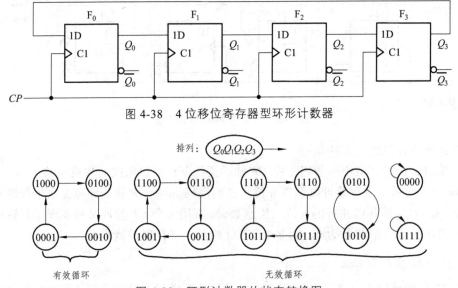

图 4-39　环形计数器的状态转换图

从图 4-39 所示的状态转换图可知，这种电路不具有自启动功能。图 4-40 所示的 4 位环形计数器是具有自启动功能的。

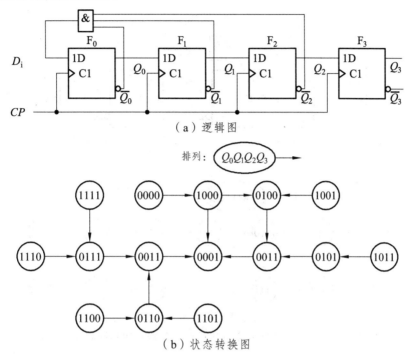

（a）逻辑图

排列：$Q_0Q_1Q_2Q_3$

（b）状态转换图

图 4-40　具有自启动功能的 4 位环形计数器的逻辑图和状态转换图

2. 扭环形计数器

扭环形计数器与环形计数器相比，电路结构上的差别仅仅在于扭环形计数器最低位的输入信号取自最高位的 $\overline{Q}$ 端，而非 Q 端。4 位扭环形计数器的逻辑图和状态转换图如图 4-41 所示。

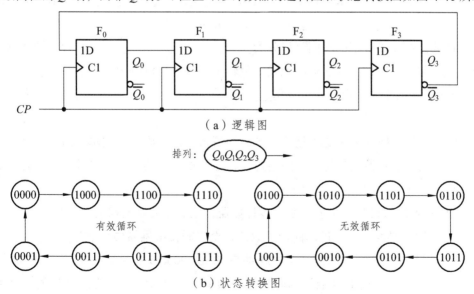

（a）逻辑图

排列：$Q_0Q_1Q_2Q_3$

（b）状态转换图

图 4-41　4 位扭环形计数器的逻辑图和状态转换图

从图 4-41 所示的状态转换图可知，这种电路不具有自启动功能。4-42 所示的 4 位扭环形计数器是具有自启动功能的。

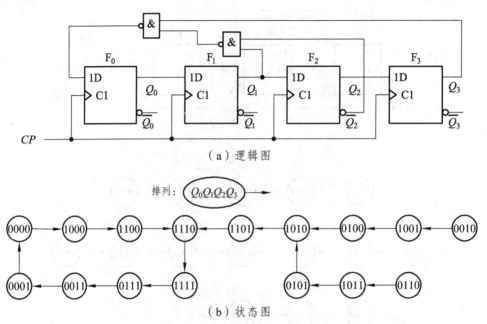

（a）逻辑图

排列：$Q_0Q_1Q_2Q_3$

（b）状态图

图 4-42　具有自启动功能的 4 位扭环形计数器的逻辑图和状态转换图

思考与练习

1. 填空题

（1）数字电子钟是一种采用数字电子技术实现＿＿＿＿、＿＿＿＿和＿＿＿＿数字显示的计时装置，它一般由＿＿＿＿、＿＿＿＿、＿＿＿＿等 3 部分组成。

（2）计数器按计数进制的不同可以分为＿＿＿＿、＿＿＿＿和＿＿＿＿；按计数增减的不同可以分为＿＿＿＿和＿＿＿＿；按计数器中触发器翻转是否一致可以分为＿＿＿＿和＿＿＿＿。

（3）时序逻辑电路的逻辑功能可以用＿＿＿＿、＿＿＿＿、＿＿＿＿、＿＿＿＿和＿＿＿＿来表示。

（4）时序逻辑电路的分析是根据给定的时序逻辑电路，确定该逻辑电路的＿＿＿＿＿＿。

（5）时序逻辑电路的设计是分析的逆过程，是根据给定的＿＿＿＿要求，选择合适的逻辑器件，设计出符合要求的＿＿＿＿＿＿。

（6）用 JK 触发器设计二十四进制同步计数器，至少需要触发器的个数是＿＿＿＿＿＿。

（7）用 D 触发器设计六十进制同步计数器，至少需要触发器的个数是＿＿＿＿＿＿。

（8）一个十五进制计数器的时钟脉冲频率是 90 kHz，则它的进位输出脉冲频率是＿＿＿＿＿＿。一个六十进制计数器的时钟脉冲频率是 360 kHz，则它的进位输出脉冲频率是＿＿＿＿＿＿。

2. 分析题

（1）试分析如图 4-43 所示的时序逻辑电路的逻辑功能。

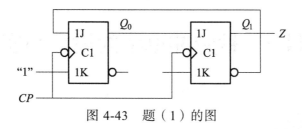

图 4-43　题（1）的图

（2）试分析如图 4-44 所示时序逻辑电路的逻辑功能。

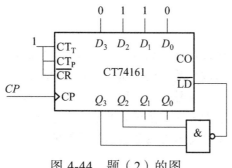

图 4-44　题（2）的图

（3）试分析如图 4-45 所示的时序逻辑电路的逻辑功能。

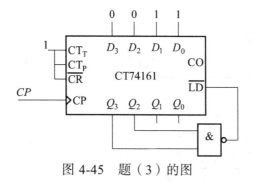

图 4-45　题（3）的图

3. 设计题

（1）试设计一个自然二进制码并且带进位输出的七进制计数器。

（2）试采用 74LS161 和必要的逻辑门电路设计一个十二进制和十进制计数器。

（3）试采用 74LS390 和必要的逻辑门电路设计一个十二进制和十进制计数器。

项目 5   秒脉冲电路的设计与实现

5.1   项目内容

5.1.1   项目简介

在数字电路中经常用到脉冲信号，如时钟脉冲信号、控制过程的定时信号等。脉冲信号是具有一定幅度和频率的矩形波，其获取的途径主要有两种：一种是利用多谐振荡器直接产生；一种是通过整形电路对已有信号进行整形、变换，使之满足系统的要求。

本项目就是采用多谐振荡器直接产生秒脉冲信号。通过本项目的训练，同学们能够理解555 电路、施密特触发器、单稳态触发器和多谐振荡器的工作原理，并在此基础上完成本项目的 CDIO 4 个环节。

5.1.2   项目目标

项目目标如表 5-1 所示。

表 5-1   项目 5 的项目目标表

序号	类别	目标
1	知识目标	（1）了解 555 电路内部结构； （2）理解 555 电路的工作原理； （3）理解施密特触发器、单稳态触发器、多谐振荡器的工作原理
2	技能目标	（1）能仿真分析 555 电路的工作原理和逻辑功能； （2）能采用 555 电路搭建单稳态触发器、施密特触发器及多谐振荡器电路； （3）能用万用表、示波器等电子设备对电路进行调试与检测； （4）能完成秒脉冲电路的 CDIO 4 个环节
3	素养目标	（1）学生的自主学习能力、沟通能力及团队协作精神； （2）良好的职业道德； （3）质量、安全、环保意识

5.2　必备知识

5.2.1　555 定时器的逻辑功能

1. 555 定时器简介

集成 555 定时器是一种多用途的单片中规模集成电路，该电路巧妙地将模拟功能与数字逻辑功能结合在一起，具有使用灵活、方便的特点，只需外接少量的阻容元件就可以构成单稳触发器、施密特触发器和多谐振荡器，因而在波形的产生与变换、测量与控制、家用电器和电子玩具等许多领域中都得到了广泛的应用。集成 555 定时器的常见名称有 555 定时器、555 时基电路、三五集成电路、555 定时电路等。

555 定时器采用双列直插式封装形式，共 8 个引脚，其外形和引脚图如图 5-1 所示。

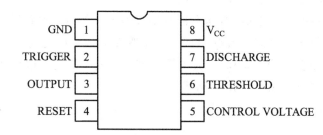

图 5-1　555 定时器的外形和引脚图

各引脚功能分别为

1——接地端；

2——低电平触发端；

3——输出端；

4——复位端。此端输入低电平可使输出端为低电平，正常工作时应接高电平；

5——电压控制端；

6——高电平触发端；

7——放电端；

8——电源端。

目前生产的 555 定时器有双极性 TTL 和单极性 CMOS 两种类型，其型号分别为 NE555 和 C7555。通常，TTL 产品型号最后 3 位数字都是 555，CMOS 产品型号的最后 4 位数字都是 7555，它们的结构、工作原理以及外部引脚图都基本相同。

2. 555 定时器的电路结构与工作原理

1）555 定时器内部结构

（1）分压器。

分压器是由 3 个阻值为 5 kΩ 的电阻串联而成，将电源电压 V_{CC} 平分为 3 等份，作用是为电压比较器提供两个参考电压 v_{R1} 和 v_{R2}。若控制端 5 脚悬空或通过电容接地，则

$$v_{R1} = \frac{2}{3}V_{CC} \qquad\qquad v_{R2} = \frac{1}{3}V_{CC} \qquad\qquad (5\text{-}1)$$

若控制端 5 脚外加控制电压 v_{IC} ，则

$$v_{R1} = v_{IC} \qquad\qquad v_{R2} = \frac{1}{2}v_{IC} \qquad\qquad (5\text{-}2)$$

（2）电压比较器 C_1 和 C_2。

电压比较器如图 5-2 所示。

$$v_+ > v_-,\ v_o = 1；\quad v_+ < v_-,\ v_o = 0。$$

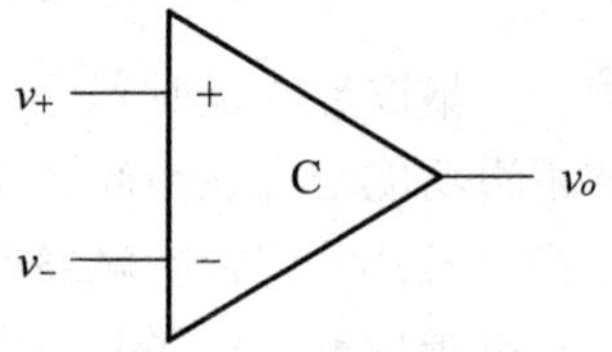

（3）基本 RS 触发器。

当 $R = 0$，$S = 1$ 时，$Q = 0$；当 $R = 1$，$S = 0$ 时，$Q = 1$；当 $R = S$ = 1 时，Q 保持原状态不变。

图 5-2 电压比较器

（4）放电三极管 T 及缓冲器 G。

T 的基极由基本 RS 触发器输出端 Q 和 4 脚 R_D 构成的与非门的输出控制。当 $R_D = 1$ 时，T 的基极由 $\overline{Q}$ 控制。当 $\overline{Q} = 1$ 时，放电管 T 导通，放电端（D）通过导通的三极管为外电路提供放电通路。当 $\overline{Q} = 0$ 时，放电管 T 截止，放电端通路被截断。

缓冲器 G 由一个非门构成。

2）工作原理

555 定时器的电气原理图和电路符号如图 5-3 所示。

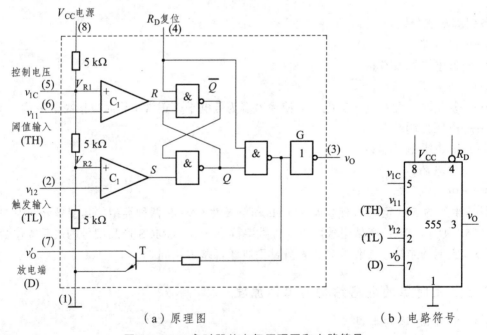

（a）原理图　　　　　　（b）电路符号

图 5-3　555 定时器的电气原理图和电路符号

当 5 脚悬空时，比较器 C_1 和 C_2 的比较电压分别为 $v_{R1} = \frac{2}{3}V_{CC}$ 和 $v_{R2} = \frac{1}{3}V_{CC}$。

（1）当 $v_{I1} > \dfrac{2}{3}V_{CC}$，$v_{I2} > \dfrac{1}{3}V_{CC}$ 时。

比较器 C_1 输出低电平，C_2 输出高电平，基本 RS 触发器被置 0，放电三极管 T 导通，输出端 v_O 为低电平。

（2）当 $v_{I1} < \dfrac{2}{3}V_{CC}$，$v_{I2} < \dfrac{1}{3}V_{CC}$ 时。

比较器 C_1 输出高电平，C_2 输出低电平，基本 RS 触发被置 1，放电三极管 T 截止，输出端 v_O 为高电平。

（3）当 $v_{I1} < \dfrac{2}{3}V_{CC}$，$v_{I2} > \dfrac{1}{3}V_{CC}$ 时。

比较器 C_1 输出高电平，C_2 也输出高电平，即基本 RS 触发器 $R = 1$，$S = 1$，触发器状态不变，电路保持原状态不变。

阈值输入端（v_{I1}）为高电平（$> \dfrac{2}{3}V_{CC}$）时，定时器输出低电平，因此，也将该端称为高电平触发端（TH）。

触发输入端（v_{I2}）为低电平（$< \dfrac{1}{3}V_{CC}$）时，定时器输出高电平，因此，也将该端称为低电平触发端（TL）。

如果在电压控制端（5 脚）施加一个外加电压（其值为 $0 \sim V_{CC}$），比较器的参考电压将发生变化，电路相应的阈值、触发电平也将随之变化，并进而影响电路的工作状态。

另外，R_D 为复位输入端，当 R_D 为低电平时，不管其他输入端的状态如何，输出 v_O 为低电平，即 R_D 的控制级别最高，正常工作时，一般应将其接高电平。

综上所述，可得 555 定时器功能（见表 5-2）。

表 5-2　555 定时器功能表

输　入			输　出	
高电平触发端（TH）	低电平触发端（TL）	复位（R_D）	输　出	放电管
×	×	0	0	导通
$> \dfrac{2}{3}V_{CC}$	$> \dfrac{1}{3}V_{CC}$	1	0	导通
$< \dfrac{2}{3}V_{CC}$	$< \dfrac{1}{3}V_{CC}$	1	1	截止
$< \dfrac{2}{3}V_{CC}$	$> \dfrac{1}{3}V_{CC}$	1	不变	不变

555 定时器与电阻、电容构成充放电电路，并由两个比较器来检测电容器上电压，以确定输出电平的高低和放电管的通断，这就很方便地构成从微秒到数十分钟的延时电路，可方便地构成施密特触发器、单稳态触发器、多谐振荡器等脉冲产生或波形变换电路。

5.2.2　555 定时器的应用

1. 555 定时器构成的施密特触发器

施密特触发器有两个稳定状态，当输入信号上升到上限阈值电压时，输出状态从一个稳定状态翻转到另一个稳定状态，而当输入信号下降到下限阈值电压时，电路又返回到原来的稳定状态。由于上限阈值电压和下限阈值电压的值不同，所以，施密特触发器具有回差特性。施密特触发器能将边沿变化缓慢的电压波形整形为边沿陡峭的矩形脉冲，成为能满足数字电路需要的脉冲，而且由于其具有回差特性，抗干扰能力很强。施密特触发器在脉冲的产生和整形电路中应用很广。

1）电路组成

将 555 定时器的第 2、6 脚连接到一起作为输入端即可构成施密特触发器电路，其第 5 脚通过 0.01 μF 电容接地，防止外界信号对参考电压输入端的干扰。用 555 定时器构成的施密特触发器如图 5-4 所示。

2）工作原理

（1）当 $v_1 = 0\,\text{V}$ 时，v_{O1} 输出高电平。

（2）当 v_1 上升到 $\frac{2}{3}V_{CC}$ 时，v_{O1} 输出低电平。当 v_1 由 $\frac{2}{3}V_{CC}$ 继续上升，v_{O1} 保持不变。

（3）当 v_1 下降到 $\frac{1}{3}V_{CC}$ 时，电路输出变为高电平。而且当 v_1 继续下降到 0 V 时，电路的状态不变。

图 5-4 中，R、V_{CC2} 构成另一输出端 v_{O2}，其高电平可以通过改变 V_{CC2} 进行调节。

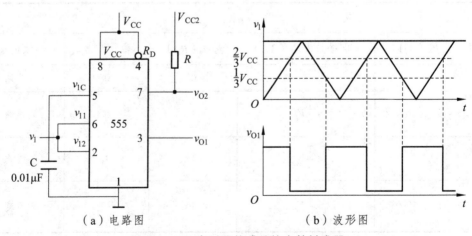

（a）电路图　　　　　　　　（b）波形图

图 5-4　555 定时器构成的施密特触发器

3）电压滞回特性和主要参数

图 5-5 所示为施密特触发器的电路符号和电压传输特性。

（1）上限阈值电压 $V_{\text{T+}}$。

v_I 上升过程中，输出电压 v_O 由高电平 V_{OH} 跳变到低电平 V_{OL} 时，所对应的输入电压值为

$$V_{\text{T+}} = \frac{2}{3}V_{\text{CC}} \tag{5-4}$$

（2）下限阈值电压 $V_{\text{T-}}$。

v_I 下降过程中，v_O 由低电平 V_{OL} 跳变到高电平 V_{OH} 时，所对应的输入电压值为

$$V_{\text{T-}} = \frac{1}{3}V_{\text{CC}} \tag{5-5}$$

（3）回差电压 ΔV_T。

回差电压又叫滞回电压，定义为

$$\Delta V_\text{T} = V_{\text{T+}} - V_{\text{T-}} = \frac{1}{3}V_{\text{CC}} \tag{5-6}$$

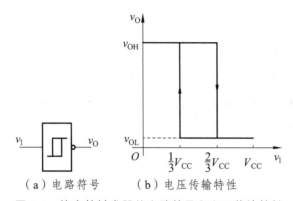

（a）电路符号　　（b）电压传输特性

图 5-5　施密特触发器的电路符号和电压传输特性

2. 555 定时器构成的单稳态触发器

单稳态触发器具有下列特点：第一，它有一个稳定状态和一个暂稳状态；第二，在外来触发脉冲作用下，能够由稳定状态翻转到暂稳状态；第三，暂稳状态维持一段时间后，将自动返回到稳定状态。暂稳态时间的长短，与触发脉冲无关，仅决定于电路本身的参数。

单稳态触发器在数字系统和装置中，一般用于定时（产生一定宽度的脉冲）、整形（把不规则的波形转换成等宽、等幅的脉冲），以及延时（将输入信号延迟一定的时间之后输出）等。

1）电路组成及工作原理

用 555 定时器构成的单稳态触发器的电路组成及工作波形如图 5-6 所示。

（1）无触发信号输入时，电路工作在稳定状态。

当电路无触发信号时，v_I 保持高电平，电路工作在稳定状态，即输出端 v_O 保持低电平，555 内放电三极管 T 饱和导通，管脚 7"接地"，电容电压 v_C 为 0 V。

（2）v_I 下降沿触发。

当 v_I 下降沿到达时，555 触发输入端（2 脚）由高电平跳变为低电平，电路被触发，v_O 由低电平跳变为高电平，电路由稳态转入暂稳态。

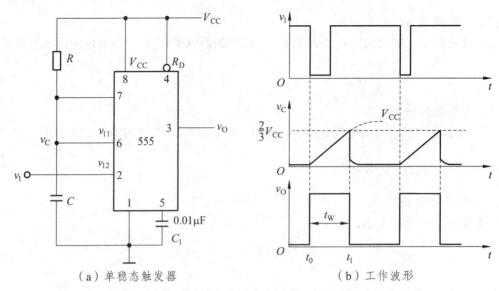

（a）单稳态触发器　　　　　　　（b）工作波形

图 5-6　用 555 定时器构成的单稳态触发器的电路组成工作波形

（3）暂稳态的维持时间。

在暂稳态期间，555 内放电三极管 T 截止，V_{CC} 经 R 向 C 充电。其充电回路为 $V_{CC} \rightarrow R \rightarrow$ $C \rightarrow$ 地，时间常数 $\tau_1 = RC$，电容电压 v_C 由 0 V 开始增大，在电容电压 v_C 上升到阈值电压 $\frac{2}{3}V_{CC}$ 之前，电路将保持暂稳态不变。

（4）自动返回（暂稳态结束）时间。

当 v_C 上升至阈值电压 $\frac{2}{3}V_{CC}$ 时，输出电压 v_O 由高电平跳变为低电平，555 内放电三极管 T 由截止转为饱和导通，管脚 7 "接地"，电容 C 经放电三极管对地迅速放电，电压 v_C 由 $\frac{2}{3}V_{CC}$ 迅速降至 0 V（放电三极管的饱和压降），电路由暂稳态重新转入稳态。

（5）恢复过程。

当暂稳态结束后，电容 C 通过饱和导通的三极管 T 放电，时间常数 $\tau_2 = R_{CES}C$（R_{CES} 是 T 的饱和导通电阻，其阻值非常小，因此 τ_2 之值亦非常小），经过（3～5）τ_2 后，电容 C 放电完毕，恢复过程结束。

2）主要参数估算

（1）输出脉冲宽度 t_w。

输出脉冲宽度就是暂稳态维持时间，也就是定时电容的充电时间。

$$t_w = \ln 3 \times RC \approx 1.1 RC \tag{5-7}$$

（2）恢复时间 t_{re}。

一般取 $t_{re} = (3 \sim 5)\tau_2$，即认为经过 3～5 倍的时间常数电容就放电完毕。

（3）最高工作频率 f_{max}。

若输入触发信号 v_1 是周期为 T 的连续脉冲时，为保证单稳态触发器能够正常工作，应满足下列条件。

$$T > t_{w} + t_{re} \qquad (5-8)$$

即 v_{I} 周期的最小值 T_{min} 应为 $t_{W} + t_{re}$，即

$$T_{min} > t_{w} + t_{re} \qquad (5-9)$$

因此，单稳态触发器的最高工作频率应为

$$f_{max} = \frac{1}{T_{min}} = \frac{1}{t_{w} + t_{re}} \qquad (5-10)$$

需要指出的是，在图 5-6 所示电路中，输入触发信号 v_{I} 的脉冲宽度（低电平的保持时间），必须小于电路输出 v_{O} 的脉冲宽度（暂稳态维持时间 t_{w}），否则电路将不能正常工作。因为当单稳态触发器被触发翻转到暂稳态后，如果 v_{I} 端的低电平一直保持不变，那么 555 定时器的输出端将一直保持高电平不变。

【例 5-1】　试利用 555 定时器设计触摸式定时控制开关。

图 5-7 所示是利用 555 定时器设计的触摸式定时开关控制电路，电路中利用 555 定时器构成单稳态触发器，只要用手触摸一下金属片 P，由于人体感应电压相当于在触发输入端（管脚 2）加入一个负脉冲，555 输出端（管脚 3）输出高电平，灯泡（R_{L}）发光，当暂稳态时间（t_{w}）结束时，555 输出端恢复低电平，灯泡熄灭。该触摸开关可用于夜间定时照明，定时时间可由 RC 参数调节。

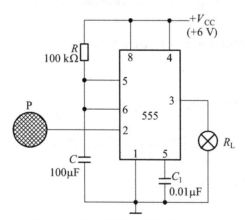

图 5-7　触摸式定时控制开关电路

3. 555 定时器构成的多谐振荡器

多谐振荡器是一种产生矩形脉冲的自激振荡器。多谐振荡器一旦起振后，电路没有稳态，只有两个暂稳态，它们做交替变化，输出连续的矩形脉冲信号，所以它又称为无稳态电路，常用来作秒脉冲信号源。

1）占空比固定的多谐振荡器

（1）电路组成。

用 555 定时器组成的占空比固定的多谐振荡器如图 5-8 所示。

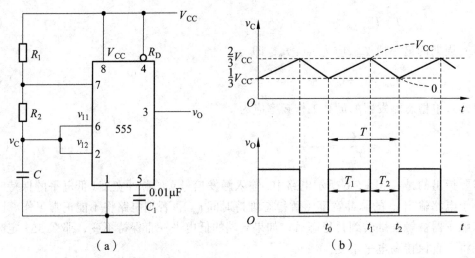

图 5-8　用 555 集成电路构成的占空比固定的多谐振荡器

（2）振荡频率的估算。

① 电容充电时间 T_1。

电容充电时，时间常数 $\tau_1 = (R_1 + R_2)C$，起始值 $v_C(0^+) = \dfrac{1}{3}V_{CC}$，终止值 $v_C(\infty) = V_{CC}$，转换值 $v_C(T_1) = \dfrac{2}{3}V_{CC}$。$T_1$ 为从 $\dfrac{1}{3}V_{CC}$ 充电到 $\dfrac{2}{3}V_{CC}$ 所需的时间，其大小为

$$T_1 = \ln 2 \times (R_1 + R_2)C \approx 0.7(R_1 + R_2)C \tag{5-11}$$

② 电容放电时间 T_2。

电容放电时，时间常数 $\tau_2 = R_2C$，起始值 $v_C(0^+) = \dfrac{2}{3}V_{CC}$，终了值 $v_C(\infty) = V_{CC}$，转换值 $v_C(T_2) = \dfrac{1}{3}V_{CC}$。$T_1$ 为从 $\dfrac{2}{3}V_{CC}$ 放电到 $\dfrac{1}{3}V_{CC}$ 所需的时间，其大小为

$$T_2 = \ln 2 \times R_2C \approx 0.7R_2C \tag{5-12}$$

③ 电路振荡周期 T。

$$T = T_1 + T_2 \approx 0.7(R_1 + 2R_2)C \tag{5-13}$$

④ 电路振荡频率 f。

$$f = \frac{1}{T} \approx \frac{1.43}{(R_1 + 2R_2)C} \tag{5-14}$$

⑤ 输出波形占空比 q。

输出波形占空比定义为脉冲宽度与脉冲周期之比 $q = \dfrac{T_1}{T}$。

$$q = \frac{T_1}{T}$$

$$= \frac{\ln 2 \times (R_1 + R_2)C}{\ln 2 \times (R_1 + 2R_2)C}$$

$$= \frac{R_1 + R_2}{R_1 + 2R_2}$$

（5-15）

2）占空比可调的多谐振荡器

在图5-8所示电路中，由于电容C的充电时间常数$\tau_1 = (R_1 + R_2)C$，放电时间常数$\tau_2 = R_2C$，所以T_1总是大于T_2，v_0的波形不仅不可能对称，且占空比q不易调节。利用半导体二极管的单向导电特性，把电容C的充电和放电回路隔离开来，再加上一个电位器R，便可构成占空比可调的多谐振荡器，如图5-9所示。

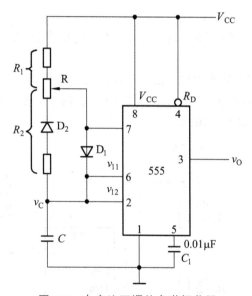

图5-9　占空比可调的多谐振荡器

由于二极管的引导作用，电容C的充电时间常数$\tau_1 = R_1C$，放电时间常数$\tau_2 = R_2C$。通过与上面相同的分析计算过程可得

$$T_1 \approx 0.7R_1C$$

（5-16）

$$T_2 \approx 0.7R_2C$$

（5-17）

$$q = \frac{T_1}{T} = \frac{T_1}{T_1 + T_2} \approx \frac{0.7R_1C}{0.7R_1C + 0.7R_2C} = \frac{R_1}{R_1 + R_2}$$

（5-18）

只要改变电位器R滑动端的位置，就可以方便地调节占空比q，当$R_1 = R_2$时，$q = 0.5$，v_0就输出对称的矩形波。

思考：如何用555定时器设计一个秒脉冲电路？

5.2.3 技能实训

1. 由 555 定时器构成的单稳态触发器

1）实训目的

（1）熟悉 555 定时器电路的连接方法。

（2）理解 555 定时器电路单稳态工作方式的仿真分析方法。

2）实训器材（见表 5-3）

表 5-3 实训器材

实训器材	计算机	Multisim12	其他
数量	1 台	1 套	—

3）实训原理及操作

（1）按照表 5-1 所示的 555 定时器的功能表，了解其各个管脚的作用，然后进行接线分析。

（2）电路组成。

若以 555 定时器的 TRI 端作为触发信号的输入端，电阻 R_1、R_2 和 C_1 组成充放电电路，电压源 V_{CC} 经电阻 R_1 和 R_2 给 C_1 充电，电容 C_1 经 R_2、内部放电管对地放电，这样就构成了单稳态触发器，仿真电路如图 5-10 所示。

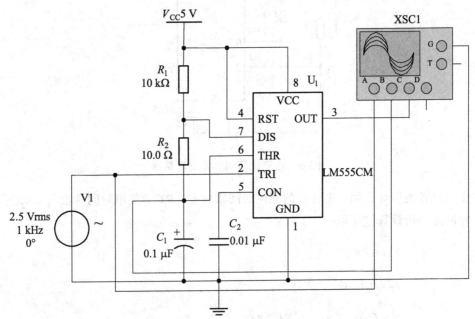

图 5-10　由 555 定时器构成的单稳态触发器

（3）仿真分析。

打开仿真开关，进行仿真调试。电路的输入信号采用正弦波信号，输入输出波形用 4 通道示波器 XSC1 检测。

　　将正弦信号源设置为幅值 2.5 V，直流偏置电压 2.5 V；4 通道示波器 XSC1 的 A、B、C 三个通道分别检测输入信号 V_1、电容 C_1 的电压 V_{C1} 以及输出的电压波形 V_O。双击示波器 XSC1 图标，得到单稳态触发器的仿真结果，如图 5-11 所示。

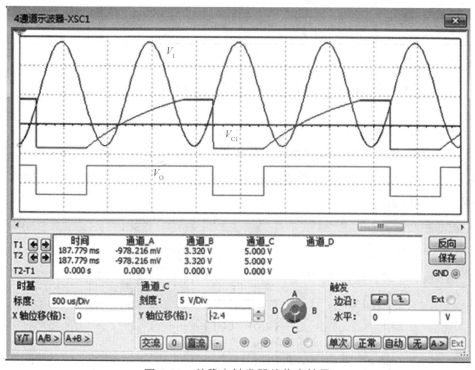

图 5-11　单稳态触发器的仿真结果

　　从波形图可以看到，仿真开始输出 V_O 为低电平，是稳态；随着输入信号 V_1 的下降，当降低到 555 定时器的下线触发点（$\frac{1}{3}V_{CC}$）时，输出 V_O 由低电平翻转为高电平，为暂稳态。在暂稳态停留的时间由电容充电的快慢决定，当输出为高电平时，电容开始充电，当电容电压上升到 555 定时器的上限触发点（$\frac{2}{3}V_{CC}$）时，输出由高电平翻转为低电平，也即从暂稳态回到稳态。接着等待输入信号的下一次触发，继续从稳态到暂稳态，又从暂稳态到稳态，循环往复下去。

4）注意事项

555 定时器芯片种类繁多，使用时要仔细阅读其技术资料及引脚图，避免接错。

2. 由 555 定时器构成的多谐振荡器

1）实训目的

（1）熟悉 555 定时器电路的连接方法。

（2）掌握 555 定时器电路无稳态工作方式的仿真分析方法。

2）实训器材（见表 5-4）

表 5-4　实训器材

实训器材	计算机	Multisim12	其他
数量	1 台	1 套	—

3）实训原理及操作

（1）按照表 5-1 所示的 555 定时器的功能表，了解其各个管脚的作用，然后进行接线分析。

（2）电路组成。

若将 555 定时器的 2 脚与 6 脚相连，电阻 R_1、R_2 和 C_1 组成充放电电路，电压源 V_{CC} 经电阻 R_1 和 R_2 给 C_1 充电，电容 C_1 经 R_2、内部放电管对地放电，这样就构成了多谐振荡器，仿真电路如图 5-12 所示。

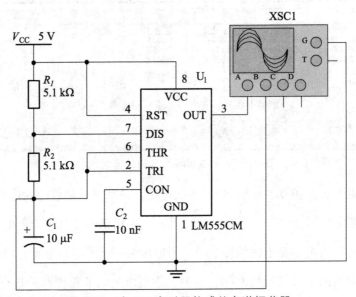

图 5-12　由 555 定时器构成的多谐振荡器

（3）仿真分析。

打开仿真开关，可以看到，图 5-12 所示电路没有稳态，仅存在两个暂稳态，电路亦不需要外加触发信号，利用电源通过 R_1、R_2 向 C_1 充电，以及 C_1 通过 R_2 放电，使电路产生振荡。电容 C_1 在 $\frac{1}{3}V_{CC}$ 和 $\frac{2}{3}V_{CC}$ 之间充电和放电，其波形如图 5-13 所示。输出信号的时间参数为

$$T_1 \approx 0.7(R_1 + R_2)C_1 \tag{5-19}$$

$$T_2 \approx 0.7R_2C_1 \tag{5-20}$$

$$T = T_1 + T_2 \approx 0.7(R_1 + 2R_2)C_1 \tag{5-21}$$

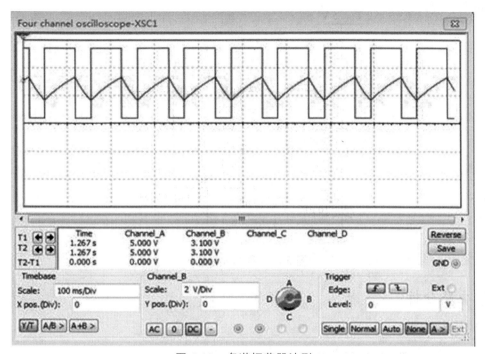

图 5-13　多谐振荡器波形

4）注意事项

555 定时器芯片种类繁多，使用时要仔细阅读其技术资料及引脚图，避免接错。

5.3　项目实施

5.3.1　构思（Conceive）——设计方案

脉冲信号获取的途径主要有两种：一种是通过整形电路对已有信号进行整形、变换，使之满足系统的要求；一种是利用多谐振荡器直接产生。本项目的设计方案就是采用多谐振荡器直接产生秒脉冲信号。

秒脉冲电路是由集成电路 555 定时器与 RC 电路组成的多谐振荡器构成，其输出的脉冲信号占空比接近于 50%，振荡周期为 1 s。

5.3.2　设计（Design）——设计与仿真

1. 电路设计

秒脉冲电路的原理图如图 5-14 所示。只要合理选择 R_1 和 R_2 两个参数，就可以使 555 定时器输出端输出的脉冲占空比接近于 50%，所以我们选择 $R_1 = 300\ \Omega$，$R_2 = 72\ \mathrm{k\Omega}$。

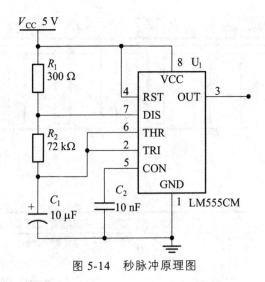

图 5-14　秒脉冲原理图

2. 电路分析

1）充电时间 T_1

$$
\begin{aligned}
T_1 &= \ln 2 \times (R_1 + R_2)C_1 \\
&\approx \ln 2 \times (0.3 + 72) \times 10^3 \times 10 \times 10^{-6} (\text{s}) \\
&\approx 501.1 (\text{ms})
\end{aligned}
\tag{5-22}
$$

2）放电时间 T_2

$$
\begin{aligned}
T_2 &= \ln 2 \times R_2 C_1 \\
&\approx 499.1 (\text{ms})
\end{aligned}
\tag{5-23}
$$

3）电路振荡周期 T

$$
\begin{aligned}
T &= T_1 + T_2 = \ln 2 \times (R_1 + 2R_2)C_1 \\
&\approx \ln 2 \times 144.3 \times 10^3 \times 10 \times 10^{-6} (\text{s}) \\
&= 1000.2 (\text{ms}) \\
&\approx 1 (\text{s})
\end{aligned}
\tag{5-24}
$$

4）占空比 q

$$
q = \frac{T_1}{T} = \frac{R_1 + R_2}{R_1 + 2R_2} = \frac{72.3}{144.3} \approx 0.501 \approx 50\%
\tag{5-25}
$$

3. 电路仿真

秒脉冲电路的仿真图如图 5-15 所示，右边虚拟示波器上方的矩形方波为 555 定时器搭建的多谐振荡器的输出波形，右边虚拟示波器下方的波形为电解电容 C_1 的充放电电路。通过读取示波器的读数可以计算出多谐振荡器的输出矩形波形的周期为 1 s，占空比 $q \approx$ 50%。

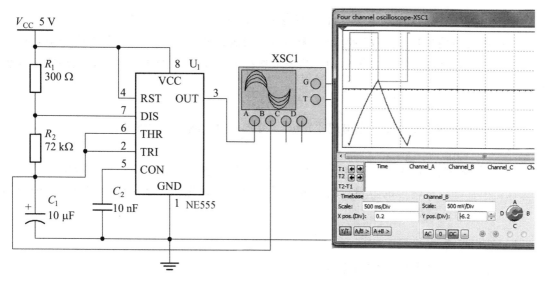

图 5-15　秒脉冲电路仿真图

5.3.3　实现（Implement）——组装与调试

秒脉冲电路的元器件清单如表 5-3 所示。

表 5-3　秒脉冲电路元器件参数

序号	数量	元器件代号	名称	型号	功能
1	1	U_1	555 定时器	NE555	多谐振荡器
2	1	R_1	电阻	300 Ω	充电电阻
3	1	R_2	电阻	72 kΩ	充放电电阻
4	1	C_1	电解电容	10 μF/35 V	充放电
5	1	C_2	瓷片电容	10 nF	抗干扰

1. 制作工具与仪器设备

（1）电路焊接工具：电烙铁（20～35 W）、烙铁架、焊锡丝、松香。

（2）其他工具：剥线钳、平口钳、螺丝刀、镊子。

（3）测试仪器仪表：万用表、示波器。

2. 元器件的检测

1）电解电容的检测

（1）正、负极性的判别。

有极性铝电解电容器外壳上的塑料封套上，通常都标有"＋"（正极）或"－"（负极）。对于未剪脚的电解电容器，长引脚为正极，短引脚为负极。对于标志不清的电解电容器，可以根据电解电容器反向漏电流比正向漏电流大这一特性，通过用万用表的"R×10K"档测量电解电容器两端的正、反向电阻值来判别。当表读数稳定时，比较两次所测电阻值读数的大小。在阻值较大的一次测量中，黑表笔所接的是电容器的正极，红表笔接的是电容器的负极。

（2）电容好坏的检测。

① 如果从外观上发现其外壳出现"鼓包""变形"或"漏液"的现象，可直接判断电容已损坏。

② 根据电容标注的额定电容量，将万用表打至合适的电容量程。将电容插在万用表的电容孔中，可测量电容的容量。如果电容量在额定值范围内，表示电容完好，否则电容损坏。

2）集成电路的检测

集成电路的检测请参照 1.3.3 节内容。

3．焊　接

电路焊接过程中，一定要注意使集成 IC 芯片的引脚与底座接触良好，引脚不能弯曲或折断。电解电容的正负极不能接反。焊接的注意事项及焊接工艺要求请参照 1.3.3 节的内容。

4．组装调试

（1）准备好万能板或 PCB 板、连接线和所有元器件。

（2）布局合理，正确连接电路。

（3）调试电路。

5.3.4　运行（Operate）——测试与分析

1．断电测试与分析

（1）焊接完成后，需要检查各个焊点的质量，检查有无虚焊、漏焊情况。

（2）对照原理图，审查各个元件是否与图纸相对应。

（3）检查电源正负极是否有短路。

（4）测试各连接情况。使用万用表二极管挡，根据原理图从信号输入到信号输出，检查各个焊点是否导通（焊接是否完成，有无虚焊现象）。

（5）最后检查元器件有无倾斜情况。

2．上电测试与分析

在上电后注意观察各元件是否有发热、冒烟等情况（如有应及时断电再仔细检查），若一切正常，方可采用示波器测试输出端电压波形并计算相关参数，以分析验证理论结果。（周期约为 1 s，占空比接近于 50% 的矩形方波。）

5.4　项目总结与评价

5.4.1　项目总结

（1）555 定时器是一种电路结构简单、使用方便灵活、用途广泛的多功能电路。

（2）施密特触发器有两个稳定状态，当输入信号上升到上限阈值电压 V_{T+} 时，输出状态从一个稳定状态翻转到另一个稳定状态，而当输入信号下降到下限阈值电压 V_{T-} 时，电路又返回到原来的稳定状态。由于上限阈值电压和下限阈值电压的值不同，所以，施密特触发器具有回差特性，回差电压 $\Delta V_T = V_{T+} - V_{T-}$。

（3）单稳态触发器和施密特触发器是两种常用的整形电路，可将输入周期性脉冲整形成所要求的同周期的矩形脉冲输出。

（4）单稳态触发器有一个稳态和一个暂稳态。在没有外加触发信号输入时，电路处于稳态；在外加触发信号作用下，电路进入暂稳态，经一段时间后，又自动返回到稳态。暂稳态维持的时间为输出脉冲宽度，它由电路元件 R、C 的数值决定，而与输入触发信号没有关系。改变 R、C 数值的大小可调节输出脉冲的宽度。

（5）多谐振荡器没有稳态，只有两个暂稳态。暂稳态的相互转换完全靠电路本身电容的充电和放电自动完成。所以，多谐振荡器接通电源后就能输出周期性的矩形脉冲。改变元件 R、C 数值的大小，可以调节振荡频率。

5.4.2　项目评价

1. 评价内容

（1）演示的结果。

（2）性能指标。

（3）是否文明操作、遵守企业和实训室管理规定。

（4）项目设计实现过程中是否有独到的方法或见解。

（5）是否能与组员（同学）团结协作。

2. 评价要求

（1）评价要客观公正。

（2）评价要全面细致。

（3）评价要认真负责。

3. 项目评价表

项目评价表如表 5-4 所示。

表 5-4　项目评价表

评价要素	评价标准	评价依据	评价方式			权重
			个人	小组	教师	
职业素质	（1）能文明操作、遵守企业和实训室管理规定； （2）能与其他组员团结协作； （3）能按时并积极主动完成学习和工作任务； （4）能遵守纪律，服从管理	（1）工具的摆放规范； （2）仪器仪表的使用规范； （3）工作台的整理； （4）工作任务页的填写规范； （5）平时表现； （6）学生制作的作品	0.3	0.3	0.4	0.3
专业能力	（1）能够按照流程规范作业； （2）能够充分理解 555 电路构成的秒脉冲电路的电路组成及工作原理； （3）能够完成电路的 CDIO 4 个环节； （4）能选择合适的仪器仪表进行调试； （5）能够对 CDIO 4 个环节的工作进行评价与总结	（1）操作规范； （2）专业理论知识，包括习题、项目技术总结报告、演示、答辩； （3）专业技能，包括仿真分析、完成的作品和制作调试报告	0.1	0.2	0.7	0.6
创新能力	（1）在项目分析中提出自己的见解； （2）对项目教学提出建议或意见，具有创新性； （3）自己完成测试方案制定，设计合理	（1）提出创新的观念； （2）提出的意见和建议被认可； （3）好的方法被采用； （4）在所写项目报告中有独特的见解	0.2	0.2	0.6	0.1

5.5　扩展知识

由于 555 定时器功能强大，使用时外接电路简单，实际应用中有很多包含有 555 定时器的应用电路，下面仅举几个简单的应用实例，介绍 555 定时器在实际应用中的使用。使用者可通过这些实例举一反三，再多查阅一些 555 定时器应用的例子，就能达到学以致用的目的。

5.5.1　接近开关的设计

接近开关电路如图 5-16 所示，接近开关以 555 定时器为核心组成单稳态触发电路。555 定时器的触发端 2 脚（TRI）通过大电阻 R_1 接 V_{CC}，处于等待触发状态。当人体接近或触摸金属板电极时，由于感应信号，555 定时器被触发，输出一单稳脉冲（如图中电压表显示的 5 V）。C_1 用于抗干扰滤波。该电路可用于电器、玩具或报警电路中。本例中触摸金属板电极用开关 S_1 代替。输出端接 1 个发光二极管作为输出电压的指示。

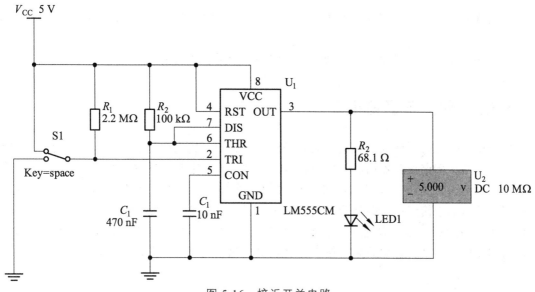

图 5-16　接近开关电路

5.5.2　双音门铃电路

用多谐振荡器构成的电子双音门铃电路图 5-17 所示。

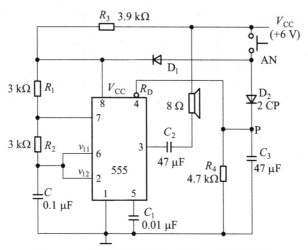

图 5-17　用多谐振荡器构成的双音门铃电路

当按钮开关 AN 按下时，开关闭合，V_{CC} 经 D_2 向 C_3 充电，P 点电位迅速充至 V_{CC}，复位解除；由于 D_1 将 R_3 旁路，V_{CC} 经 D_1、R_1、R_2 向 C 充电，充电时间常数为 $(R_1 + R_2)C$，放电时间常数为 R_2C，多谐振荡器产生高频振荡，喇叭发出高音。

当按钮开关 AN 松开时，开关断开，由于电容 C_3 储存的电荷经 R_4 放电要维持一段时间，在 P 点电位降至复位电平之前，电路将继续维持振荡；但此时 V_{CC} 经 R_3、R_1、R_2 向 C 充电，充电时间常数增加为 $(R_3 + R_1 + R_2)C$，放电时间常数仍为 R_2C，多谐振荡器产生低频振荡，喇叭发出低音。

当电容 C_3 持续放电，使 P 点电位降至 555 的复位电平以下时，多谐振荡器停止振荡，喇叭停止发声。

调节相关参数，可以改变高、低音发声频率以及低音维持时间。

5.5.3 救护车警笛电路

用两个 555 定时器构成低频信号对高频调制的救护车警笛电路，如图 5-18 所示。该电路的本质是由两个多谐振荡器构成的模拟音响发生器。调节定时元件 R_1、R_2、C_2 使第 1 个振荡器的振荡频率为 714 Hz，调节 R_3、R_4、C_4 使第 2 个振荡器的振荡频率为 10 kHz。由于低频振荡器的输出端 3 接到高频振荡器的复位端 4，因此当振荡器 U_1 的输出电压 V_{O1} 为高电平时，振荡器 U_2 就振荡；V_{O1} 为低电平时，振荡器 U_2 停止振荡。接通电源，试听音响效果。调换外接阻容元件，再试听音响效果。扬声器会发出"呜……呜……"的间隙声响。

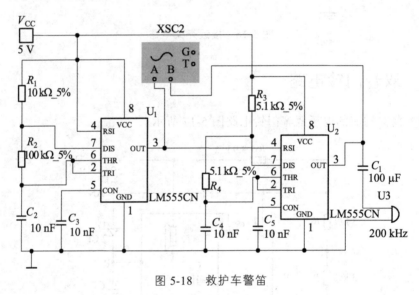

图 5-18　救护车警笛

思考与练习

1. 填空题

（1）集成 555 定时器常见的名称有_____、_____、_____、_____。

（2）555 定时器主要是与电阻、电容构成充放电电路，可以方便地构成_____、_____和_____等脉冲产生或波形变换电路。

（3）单稳态触发器在数字系统和装置中，一般用于_____、_____及_____等。

（4）施密特触发器具有_____特性，能将边沿变换缓慢的电压波形整形为边沿陡峭的矩形波形，成为适合于数字电路需要的脉冲。

（5）单稳态触发有由_____个稳态，施密特触发器有_____个稳态，多谐振荡器有_____个稳态。

2. 简答题

（1）555 定时器主要由哪几部分组成？每部分各起什么作用？为何将它称为 555 定时器？

（2）单稳态触发器如图 5-19 所示，图中，$R = 20\ \text{k}\Omega$，$C = 0.5\mu\text{F}$。试计算该触发器的暂稳态持续时间。

（3）多谐振荡器电路如图 5-20 所示，图中，$R_1 = R_2 = 40\ \Omega$，$C = 1\mu\text{F}$。试计算输出波形 v_O 的频率。

（4）多谐振荡器电路如图 5-20 所示，图中 $C = 0.1\text{F}$，要求输出矩形波的频率为 1 kHz，占空比为 0.6。试计算电阻 R_1 和 R_2 的数值。若采用图 5-9 所示的电路，当滑动电阻端向上移动时，保持电路其他参数不变，则输出矩形波会产生什么变化？

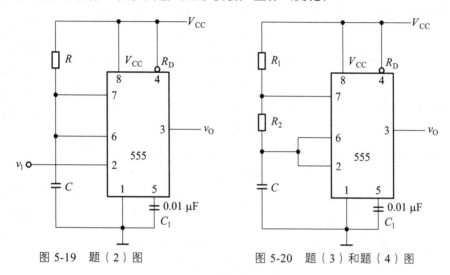

图 5-19　题（2）图　　　　　图 5-20　题（3）和题（4）图

（5）图 5-21 所示为 555 定时器电路构成的多谐振荡器。画出 v_C 和 v_O 的波形，计算输出正脉冲的宽度、振荡周期和占空比。

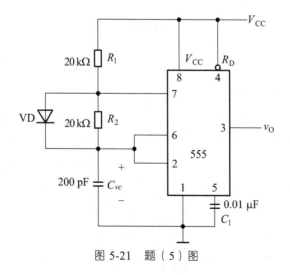

图 5-21　题（5）图

附　录

附表 1　常见 TTL 数字集成电路逻辑功能、名称及型号

逻辑功能	名　称	型　号
缓冲器	四总线缓冲器	74LS126
与门	四 2 输入与门	74LS08
		74LS09（OC）
	三 3 输入与门	74LS11
		74LS15（OC）
或门	四 2 输入或门	74LS32（OC）
		74LS136（OC）
非门	六非门	74LS04
		74LS05（OC）
与非门	四 2 输入与非门	74LS00
		74LS01（OC）
	三 3 输入与非门	74LS10（OC）
		74LS12（OC）
	双 4 输入与非门	74LS20（OC）
		74LS22（OC）
		74LS40（功率门）
		74LS132（施密特 F/F）
	8 输入与非门	74LS30
	13 输入与非门	74LS133
或非门	四 2 输入或非门	74LS02
	三 3 输入或非门	74LS27
	双 5 输入或非门	74LS260
与或非门	双 2-2、3-3 输入与或非门	74LS51
	3-2、2-3 输入与或非门	74LS54
	4-4 输入与或非门	74LS55
	2-2、3-4 输入与或非门	74LS64

逻辑功能	名　称	型　号
异或门	四 2 输入异或门	74LS86
编码器	10 线-4 线优先编码器	74LS147
	8 线-3 线优先编码器	74LS148
译码器	双 2 线-4 线译码器/分配器	74LS139、74LS155
	双 2 线-4 线译码器/分配器（OC）	74LS156
	3 线-8 线译码器	74LS138
	4 线-10 线 8421BCD 码译码器	74LS42
数据选择器	四 2 选 1 数据选择器	74LS157
	双 4 选 1 数据选择器	74LS153
	8 选 1 数据选择器	74LS151
加法器	4 位二进制加法器	74LS83
	4 位二进制全加器	74LS283
比较器	4 位大小比较器	74LS85
D 触发器/锁存器	双 D 触发器（带置 1 和置 0）	74LS74
	四 D 锁存器	74LS75
	六 D 触发器（单相输出）	74LS174
	四 D 触发器（互补输出）	74LS175
	八 D 触发器（单相输出）	74LS273
	八 D 锁存器（三态输出）	74LS373
JK 触发器	双 JK 触发器（带置 1 和置 0）	74LS76
	双 JK 上升沿触发器（带置 1 和置 0）	74LS109
	双 JK 主从触发器（带置 1 和置 0）	74LS111
	双 JK 下降沿触发器（带置 1 和置 0）	74LS112
计数器	异步二-五-十进制计数器	74LS90
		74LS290
		74LS390
	异步二-八进制计数器	74LS93
		74LS293
	同步十进制计数器（异步清零、同步置数）	74LS160
	同步十六进制计数器（异步清零、同步置数）	74LS161
	同步十进制计数器（同步清零、同步置数）	74LS162
	同步十六进制计数器（同步清零、同步置数）	74LS163

逻辑功能	名　　称	型　　号
计数器	同步可逆十进制计数器（异步置数）	74LS190
	同步可逆十进制计数器（异步清零、异步置数）	74LS192
	同步可逆十六进制计数器（异步清零、异步置数）	74LS193
寄存器	4位双相移位寄存器	74LS194
单稳态触发器	可重触发单稳态触发器	74LS121
	双可重触发单稳态触发器	74LS122
	双单稳态触发器	74LS123/74LS221
显示译码器	7段显示译码器（OC、低电平有效）	74LS47
	7段显示译码器（OC、高电平有效）	74LS48
		74LS49
		74LS249

附表2　常用CMOS数字技术电路逻辑功能、名称及型号

逻辑功能	名称	国产型号	MOTA型号
与门	四2输入与门	CC4 081	MC14 081
	三3输入与门	CC4 073	MC14 073
	双4输入与门	CC4 082	MC14 082
或门	四2输入或门	CC4 071	MC14 071
	三3输入或门	CC4 075	MC14 075
	双4输入或门	CC4 072	MC14 072
与非门	四2输入与非门	CC4 011	MC14 011
	四2输入与非门（施密特触发器）	CC4 093	MC14 093
	三3输入与非门	CC4 023	MC14 023
	双4输入与非门	CC4 012	MC14 012
	8输入与非门	CC4 068	MC14 068
或非门	四2输入或非门	CC4 001	MC14 001
	三3输入或非门	CC4 025	MC14 025
	双4输入或非门	CC4 002	MC14 002
	8输入或非门	CC4 078	MC14 078

逻辑功能	名称	国产型号	MOTA 型号
异或门	四异或门	CC4 030	MC14 030
反相器、缓冲/变换器	六反相器	CC4 069	MC14 069
	六反相缓冲/变换器	CC4 009	
	六同相缓冲/变换器	CC4 010	
	六反相器（施密特触发器）	CC4 106	MC140 584
编码器	10 线-4 线优先编码器	74HC147	
译码器	4 线-16 线译码器/输出 1	CC4 028	MC14 028
	4 线-16 线译码器/输出 0	CC4 514	MC14 514
显示译码器	七段显示译码器（大电流驱动）	CC14 547	MC114 547
	七段显示译码器（BCD 锁存）	CC4 511	MC14 511
	双 2 线-4 线译码器/分配器	74HC139	
数据选择器	双 4 选 1 数据选择器	CC14 539	MC14 539
	8 选 1 数据选择器	CC4 512	MC14 512
全加器	4 位超前进位全加器	CC4 008	MC14 008
比较器	4 位数值比较器	CC4 585	MC114 585
触发器	双 JK 触发器	CC4 027	MC14 027
	双 D 触发器	CC4 013	MC14 013
	六施密特触发器	CC40 106	MC140 106
	四 2 输入施密特触发器	CC4 093	MC14 093
	双单稳态触发器	CC14 528	MC114 528
模拟开关	双 4 路模拟开关	CC4 066	MC14 066
	单 8 路模拟开关	CC4 051	MC14 051
	双 4 路模拟开关	CC4 052	MC14 052
	单 16 路模拟开关	CC4 067	
	双 8 路模拟开关	CC4 097	
计数器	双 BCD 同步加法计数器	CC4 518	MC14 518
	双 4 位为二进制加法计数器	CC4 520	MC14 520
	可预置 BCD 加/减法计数器	CC40 192	
	十进制计数/分配器	CC4 510	MC14 510
	可预置 4 位为二进制加法计数器	CC40 161	MC14 161
寄存器	4 位移位寄存器	CC40 194	

附录 3 Multisim12 软件的认识

从事电子产品设计和开发等工作的人员，经常需要对电路进行实物模拟和调试。其目的在于：一方面是为了验证所涉及的电路是否能达到设计要求的技术指标；另一方面通过改变电路中元器件的参数，使整个电路性能达到最佳。而这种实物模拟和调试的方法不但费工费时，其结果的准确性也受到实验条件、实验环境、实物制作水平等因素的影响，因而工作效率不高。从 20 世纪 80 年代开始，随着计算机技术的迅速发展，电子电路的分析和设计方法发生了重大变革，一大批各具特色的优秀仿真软件的出现，改变了以定量估算和电路实验为基础的电路设计方法。下面介绍在电子电路中广泛使用的仿真软件 Multisim12。

Multisim12 是 NI 公司推出的 Multisim 最新版本。Multisim12 提供了全面集成化的设计环境，可完成原理图设计输入、电路仿真分析、电路功能测试等工作。当改变电路连接或改变器件参数，对电路进行仿真时，可以清楚地观察到各种变化对电路性能的影响。其启动界面如图 A-1 所示。

图 A-1 Multisim12 的启动界面

1. 基本界面

在计算机"开始"中依次选择"程序→National Instruments→Circuit Design Suite 12.0→Multisim12.0"，启动 Multisim12，弹出如图 A-2 所示的 Multisim12 用户界面。

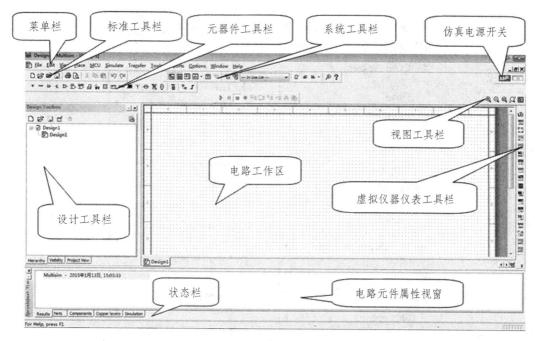

图 A-2　Multisim12 用户界面

从图 A-2 可以看出，Multisim12 用户界面主要由菜单栏、标准工具栏、元器件工具栏、系统工具栏、仿真电源开关、设计工具栏、视图工具栏、电路工作区、虚拟仪器仪表工具栏、状态栏以及电路元件属性视窗等组成。

1）菜单栏

Multisim12 的菜单栏提供了该软件的绝大部分功能命令，如图 A-3 所示。菜单栏从左到右依次是 File（文件）、Edit（编辑）、View（视图）、Place（放置）、MCU（单片机）、Simulate（仿真）、Transfer（转换）、Tools（工具）、Reports（报告）、Options（属性）、Window（窗口）和 Help（帮助），共 12 项。

File　Edit　View　Place　MCU　Simulate　Transfer　Tools　Reports　Options　Window　Help

附图 A-3　Multisim12 的菜单栏

（1）File 菜单。

File 菜单用来对电路文件进行打开、新建、保存等管理操作，其具体功能如图 A-4 所示。

（2）Edit 菜单。

Edit 菜单用来对电路窗口中的电路图或元件进行编辑操作，其具体功能如图 A-5 所示。此菜单中，Undo、Redo、Cut、Copy、Paste、Delete、Find 和 Select all 选项的用法与 Windows 类似，下面介绍另外一些选项。

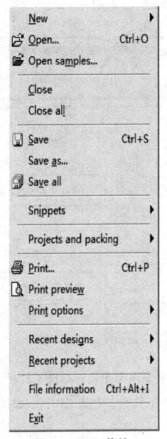

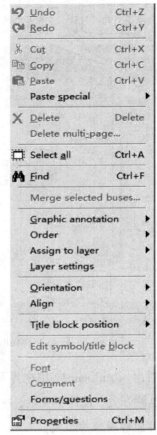

图 A-4　File 菜单　　　　图 A-5　Edit 菜单

① Delete multi-Page：删除多页电路中某一页。

② Paste as subcricuit：将电路复制为子电路。

③ Find：寻找元器件命令。

④ Comment：编辑仿真电路的注释。

⑤ Graphic annotation：编辑图形注释，利用它可以改变导线的颜色等设置。

⑥ Order：编辑图形在电路工作区中的顺序。

⑦ Assign to layer：用于层的分配。

⑧ Layer settings：用于层的设计。

⑨ Title block position：设置标题栏在电路工作区中的位置。

⑩ Orientation：调整电路元器件方向，包括水平调整、垂直调整、顺时针旋转 90°、逆时针旋转 90°。

⑪ Edit symbol/title block：编辑电路元器件的外形或标题栏的形式。

⑫ Font：字体设置。可以用于对电路窗口中的元器件的标识号、参数值等进行设置。

⑬ Properties：属性编辑窗口。

（3）View 菜单。

View 菜单用来显示或隐藏电路窗口中的某些内容，其具体功能图 A-6 所示。

（4）Place 菜单。

Place 菜单提供在电路工作窗口内放置元器件、连接点、总线和文字等命令，其功能如图 A-7 所示。

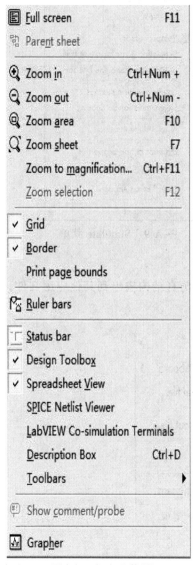

图 A-6　View 菜单

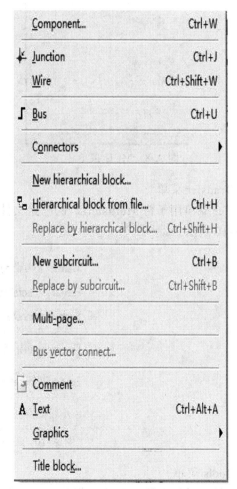

图 A-7　Place 菜单

（5）MCU 菜单。

MUC 菜单提供在电路工作窗口内 MCU 的调试操作命令，MCU 菜单中的命令及功能如图 A-8 所示。

（6）Simulate 菜单。

Simulate 菜单用于对电路仿真的设置与操作，其具体功能如图 A-9 所示。

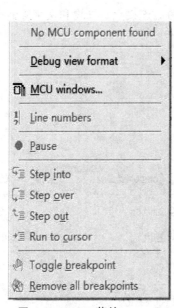

图 A-8　MCU 菜单　　　　图 A-9　Simulate 菜单

（7）Transfer 菜单。

Transfer 菜单用于将 Multisim12 的电路文件或仿真结构输出到其他应用文件，其具体功能如图 A-10 所示。

图 A-10　Transfer 菜单

（8）Tools 菜单。

Tools 菜单用来编辑或管理元器件库或元器件命令，其具体功能如图 A-11 所示。

图 A-11　Tools 菜单

（9）Reports 菜单。

Reports 菜单用来产生当前电路的各种报告，其具体功能如图 A-12 所示。

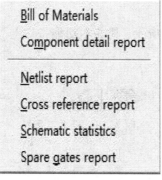

图 A-12　Reports 菜单

（10）Options 菜单。

Options 菜单用于定制软件界面和某些功能的设置，其具体功能如图 A-13 所示。

图 A-13　Options 菜单

（11）Window 菜单。

Window 菜单用于控制 Multisim12 窗口的显示，其具体功能如图 A-14 所示。

（12）Help 菜单。

Help 菜单为用户提供在线技术帮助和指导，其具体功能如图 A-15 所示。

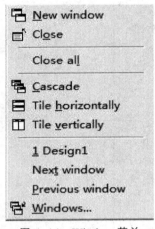 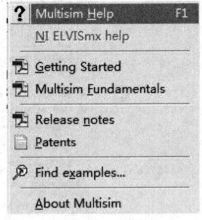

图 A-14　Window 菜单　　　　图 A-15　Help 菜单

2）工具栏

Multisim12 工具栏中主要包括标准工具栏、系统工具栏、视图工具栏、元器件工具栏和虚拟仪器工具栏等。由于该工具栏是浮动窗口，因而在不同用户界面的显示会有所不同。

（1）标准工具栏。

标准工具栏功能如图 A-16 所示，其基本功能按钮与 Windows 的同类应用软件的按钮类似。

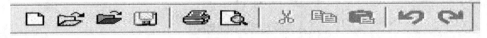

图 A-16　标准工具栏

（2）系统工具栏。

系统工具栏功能如图 A-17 所示。

（3）视图工具栏。

视图工具栏功能如图 A-18 所示。

（4）元器件工具栏。

Multisim12 将所有的元器件分为 18 类，加上分层和总线模块，共同组成元器件工具栏，如图 A-19 所示。

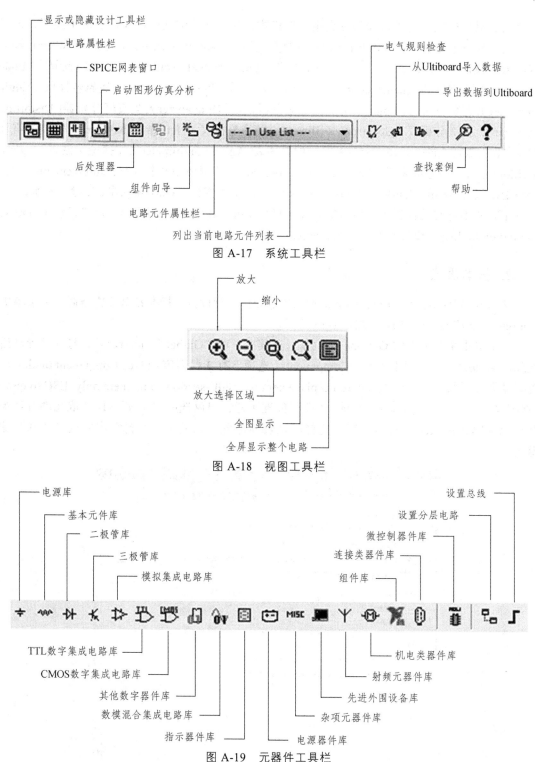

图 A-17　系统工具栏

图 A-18　视图工具栏

图 A-19　元器件工具栏

（5）虚拟仪器工具栏。

虚拟仪器工具栏通常位于电路窗口的右边，如图 A-2 右侧所示。使用时，通过单击所需仪器的工具栏按钮，将该仪器添加到电路窗口中，并在电路中使用该仪器。从上往下，按钮的功能分别是数字万用表（Multimeter）、函数发生器（Function generator）、瓦特表（Wattmeter）、双通道示波器（Oscilloscope）、四通道示波器（Four channel oscilloscope）、波特图仪（Bode plotter）、频率计（Frequency counter）、字信号发生器（Word generator）、逻辑转换仪（Logic converter）、逻辑分析仪（Logic analyzer）、IV分析仪器（IV analyzer）、失真度分析器（Distortion analyzer）、频谱分析仪（Spectrum analyzer）、网络分析仪（Network analyzer）、安捷伦信号发生器（Agilent function generator）、安捷伦万用表（Agilent multimeter）、安捷伦示波器（Agilent oscilloscope）、泰克示波器（Tektronix oscilloscope）、实时测量探针（Measurement probe）、LabVIEW采样仪器（LabVIEW instruments）、电流检测探针（Current probe），共21项。

工具栏中还有其他栏目，如虚拟元件工具栏（virtual toolbar）、图形注释工具栏（graphic annotation toolbar）和状态栏（status toolbar）等。

2. 基本设置

使用Multisim12前，应对Multisim12基本界面进行设置。基本界面设置是通过主菜单中Options的下拉菜单进行的，如图A-13所示。

（1）单击主菜单中的Options子菜单，选其第一项"Global Preferences"，打开设置对话框如图A-20所示，默认打开的"Components"选项下有3栏内容：Place Component mode（放置元件方式）栏，建议选中"Continuous placement for multi-section component only（ESC to quit）（连续放置元件）"；Symbol standard（符号标准）栏，建议选中"DIN"，即选取元件符号为欧洲标准模式；View（视图）栏，选择默认选项即可。以上三项设置完成后点击"ok"键退出。

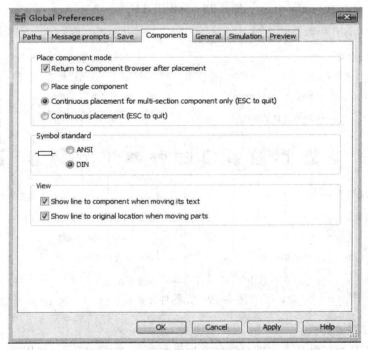

图 A-20　Global Preferences 基本设置

（2）单击主菜单中的 Options 子菜单，选其第二项"Sheet Properties"，打开设置对话框如图 A-21 所示，默认打开的是"Sheet visibility"选项页，它的"Net names"栏中默认的选项为"Show all"（全显示），建议选择"Hide all"（全隐藏），然后点击"ok"键退出。

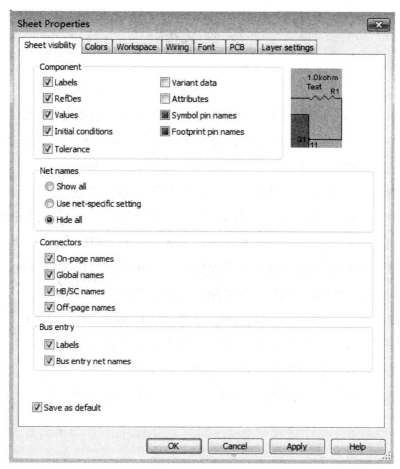

图 A-21　Sheet Preferences 基本设置

参考文献之后 with Optional...Picture...ADD...MOD...ROM...of Program... 5-EF不同指标间
TOD A-EDM电...-GOD不同...时...不同不同不同不同之不同不同不同不同不同不同之不同之不同之不同
ED A...Schematic...GADAI...'不同...Table...的记...自之不同...之不同...ROM不同...MOD不同...之不同

参考文献

[1] 阎石. 数字电子技术基本教程[M]. 北京：清华大学出版社，2007.

[2] 康华光. 电子技术基础（数字部分）[M]. 北京：高等教育出版社，2000.

[3] 成立. 数字电子技术[M]. 北京：机械工业出版社，2004.

[4] 张惠敏. 数字电子技术[M]. 北京：化学工业出版社，2008.

[5] 刘守义，钟苏. 数字电子技术[M]. 2 版. 西安：西安电子科技大学出版社，2007.

[6] 潘明，潘松. 数字电子技术基础[M]. 北京：科学出版社，2008.

[7] 杨欣，王玉凤. 电路设计与仿真[M]. 北京：清华大学出版社，2006.

[8] 汤山俊夫. 数字电路设计与制作[M]. 北京：科学出版社，2005.

[9] 赵玉菊. 电子技术仿真与实训[M]. 北京：电子工业出版社，2009.

[10] 赵明富. EDA 技术与实践[M]. 北京：清华大学出版社，2007.

[11] 张弛. 电子产品装调[M]. 苏州：苏州大学出版社，2014.

[12] 戴树春. 电子产品装调与调试[M]. 北京：机械工业出版社，2012.